中公新書 2215

野中郁次郎編著

戦略論の名著

孫子、マキアヴェリから現代まで

中央公論新社刊

目次

総論

戦略の本質とは何か

はじめに

戦略とは何か。国家や組織経営の場でいかなる戦略が求められているのか――。これまで私は一九八〇年から戸部良一、鎌田伸一、寺本義也、杉之尾宜生、村井友秀の諸氏とともに共同研究を重ね、一九八四年に『失敗の本質』を、二〇〇五年に『戦略の本質』を世に問うてきた。前者では、第二次世界大戦当時の日本軍が環境に過度に適応した結果、自己革新と軍事的合理性を追求できなくなり、敗戦に至った経緯、そこから学ぶべき教訓について述べた。後者では、個々の戦争において日本軍とは反対に、なぜその軍が逆転勝利を獲得しえたかを主題とした。そのなかで、われわれはつぎのような確信を得るにいたった。つまり、「戦略とは、何かを分析することではない、本質を洞察しそれを実践すること、認識と実践を組織的に総合することだ」。そして、戦略の本質について一〇の命題を提示した。

この二著に結実する共同研究の過程で、われわれは数多くの書物から恩恵を蒙《こうむ》ってきた。なかでも古代から現代にいたる戦史を中心とした歴史書、そして、いうまでもなく、古今東西の戦略思想家たちの叡智《えいち》が注がれた戦略思想・戦略理論の書である。本書『戦略論の名著』は、研究のみならず社会の実践の場で有益かつ有効であった書物の中から、現代を生きる日本人にとって必読であると思われる書目を厳選して紹介するものである。

書目の選定にあたっては、各著書に対する私自身の思いや、各分野の専門家の方々によるご意見を参考にしつつ、一二冊取り上げさせていただいた。もちろん、これ以外にも名著の名にふさわしい著書は多数ある。しかしながら、紙幅の関係や、同一分野・同時代を避ける必要など編集上の制約、研究者の方々との御縁などもあり、このような形に絞り込まれたものので、他意はないことをお断りしておく。

本書で取り上げる一二冊は、二〇世紀以前、二〇世紀の前半と後半以降の三つの時期によって大別すると、その著作群の共通項が浮かびあがってくる。二〇世紀以前に属するのは、孫武《そんぶ》『孫子』（紀元前五世紀中頃〜四世紀中頃）、マキアヴェリ『君主論』（一五一三年）、クラウゼヴィッツ『戦争論』（一八三二年）の《戦略論の三大古典》と、地政学の先駆であるマハン『海上権力史論』（一八九〇年）である。二〇世紀前半には、《現実的・具体的な戦略論提言》というべき毛沢東『遊撃戦論』（一九三八年）、石原莞爾《いしはらかんじ》『戦争史大観』（四一年）、リデルハート『戦略論』（五四年）が著された。二〇世紀後半以降には、ルトワック『戦略』（八七年）、クレフェルト『戦争の変遷』（九一年）、グレイ『現代の戦略』（九九年）、ノックス＆マーレー『軍事革命とRMAの戦略史』（二〇〇一年）といった《史実研究に基盤をおく現代戦略論研究》があり、さらには地政学の適用範囲を宇宙にまで拡大したドールマン『アストロポリティーク』（二〇〇一年）が並ぶ。詳細については著作解説の項に譲り、ここでは一二冊の書目の命題を示してエッセンスに触れるにとどめる。

三大古典と地政学の先駆

三大古典『孫子』『君主論』『戦争論』は後に書かれる戦略論の源流に位置し、多大な影響を与えている。さらに戦略論にとどまらず思想、哲学、政治学の古典として時代を超えて現在も多くの読者に読み継がれていることも周知の事実である。また、『海上権力史論』は地政学の先駆をなすものであり、海洋戦略の古典である。

1 孫武『孫子』：戦わずにして勝つためには

「百戦百勝は善の善なる者に非《あら》ざるなり。戦わずして人の兵を屈するは善の善なる者なり」。この言葉に端的に示されているように、安易に戦争を起こすことや、長期戦による国力消耗を戒めている。つまり、最小の犠牲で最大の成果を獲得することに主眼を置いている。それは、孫武が戦争をきわめて深刻なものと捉えていたからである。孫武は、戦争を戦闘という一事象の中だけで考察するのではなく、あくまで国家運営と戦争との関係を俯瞰《ふかん》する政略・戦略を重視していた。そのため、戦争の長期化によって国家に与える経済的負担を憂慮するといった費用対効果的な発想ももちえたのである。

また、『孫子』には英語版があるが、訳者のトーマス・クリアリーは思想的な背景に老子《ろうし》に代表されるタオイズムの影響を指摘している。秩序・体制を重視する孔子《こうし》に対してタオイズムは、頻繁にみられる「水」の比喩のように、その思想は流動的自然であり、よりカオティック（混沌的）でダイナミックな発想があり、それが『孫子』には息づいている。

②マキアヴェリ『君主論』：君主の持つべき特性と力とは

『君主論』はその名のとおり、歴史上の様々な君主および君主国を分析し、君主とはいかにあるべきか、君主として権力を獲得し、また保持し続けるにはどのような力量（徳）が必要なのかを説いている。そして、権威と恐怖による支配が国家を安定的に統治するには必要であり、それが脅かされた場合、敵対勢力への報復を行うための強力な軍事力をいかに整備して常日頃より備えておくべきか提言している。

歴史的なコンテクストをみれば、騎兵から歩兵への移行期で、傭兵から常備軍へという発想も非常にプラクティカルである。マキアヴェリ自身、外交官として準戦争のようなものを経験し、それをふまえて、いくつかの事例を織りまぜながら説明している。『君主論』はリーダーシップの実践知の解説書、機能的な実践の書ともいえる。リーダーシップの重要性を量より質、レトリックや演説の能力に見出しているところにも面白味がある。

③クラウゼヴィッツ『戦争論』：戦争とは何か

クラウゼヴィッツの時代（1780〜1831）は、フランス革命からナポレオン戦争の時代であるとともに、ヘーゲル（1770〜1831）によってカント以来のドイツ観念論が大成された時期にあたる。クラウゼヴィッツはその影響下にあって、戦争に関して how よりも what を徹底的に追求した。つまり、それまで「戦争というものがある」「戦争にはいかにして勝利すべきか」という問題から始まっていた軍事学において、「戦争とは何か」という本質論を展開することによって、西洋近代兵学を確立したのである。

『戦争論』は『孫子』と好対照をなしている。『孫子』がプロセス、パターン認識であるのに対して、『戦争論』はエッセンスを概念的に提示する。自然現象のメタファーで語る『孫子』に対して、『戦争論』は理念的・分類的な手法を用いた命題を徹底的に検討する論理的な叙述になっている。これは中国の古典哲学とドイツ観念論との差異ともいえるかもしれない。

主な特徴は、以下の三点に集約できる。①「絶対戦争」と「現実の戦争」という二種類の戦争の対比による戦争の分析。②憎悪や敵意をともなう暴力行為（国民）、確からしさや偶然性といった賭けの要素（将軍と軍隊）、政策のための手段としての従属的性格（政府）の三要素が戦争において独特な三位一体をなしており、戦争において初めて政治的目的が達成できるという三位一体論。③「天才」や「摩擦」の概念の適用により、理論上の主要な構成要素として精神的な力や心理を取り入れた点。

4 マハン『海上権力史論』：海軍の存在価値とは何か

マハンは、米国海軍軍人として一九世紀後半の帝国主義の海を渡り、砲艦外交を目の当たりにした。そして、海洋というコンテクストの重要性を認識し、『戦争概論』を著したアントワーヌ＝アンリ・ジョミニ（1779〜1869）の影響を受けて、『海上権力史論』を執筆した。それまで陸戦が中心であったが、海軍の勃興期を迎え、海上というコンテクストにおいて陸上戦の既存の知識を改変し、「シーパワー」という新しい概念で括《くく》った点が画期的であった。

シーパワーについて、マハン自身は厳密に定義してはいない。これは海軍力だけではなく、海洋を経済的に活用する能力まで含む包括的なものである。国家がシーパワーを発展させるためには構成要素に着目する必要があり、また海上戦闘の在り方の変化を指摘した。さらに海上戦闘について制海権をいかに得るかという問題を考察しており、集中や大胆さが海上作戦における原則であると考えた。

マハンは日本とも非常に関わりの深い人物である。幕末に来日した折は徳川慶喜《よしのぶ》をイロコイ号に乗船させており、また秋山真之《あきやまさねゆき》が教えを乞おうとしたことはつとに有名である。

現実的・具体的な戦略論提言

一八八九年生まれの石原莞爾が最年長で、一八九三年生まれの毛沢東、一八九五年生まれのリデルハートの三人は同世代に属している。毛は国民党との内戦、日中戦争、石原は満洲事変、リデルハートは第一次・第二次世界大戦といずれも戦場経験をもっている。彼らの戦略論はそうした経験が血肉化したもので、現実的な戦略提言を行っている。

5毛沢東『遊撃戦論』：弱者が強者に勝つためには

『遊撃戦論』は日中戦争下において毛沢東が、目前の敵「強い日本」に対して「弱い中国」が最終的にいかにして勝つかを構想したものである。

遊撃戦とは、正面突破というナポレオン、クラウゼヴィッツ以来の正規戦の概念に対立する概念であり、最小限の兵力で勝利を目指すもので、中国では『孫子』以来の戦法である。その意味で、必ずしも毛沢東が独創したものではない。しかしながら、戦争を対立統一という弁証法的な概念でとらえ、強弱の相互転化を起こすために、根拠地をつくる、兵を育成する教育体制を整えるなど様々な形で戦略的ゲリラを体系化し、そして実践化したのは毛沢東が最初である。『遊撃戦論』はベトナム戦争にも影響を与えており、ヴォー・グエン・ザップ『人民の戦争・人民の軍隊』を繙《ひもと》くと、ベトナム人民軍も同じ戦略・戦術を採ったことがわかる。しかし、毛沢東のように体系化はされていない。

また、指摘しておきたいのは、科挙などの制度からもわかるように、中国には知的な人間は兵士にならないというある種独特の伝統がある。それゆえ知的な人間、シヴィリアンが上位に立って軍隊をリードすることは容易に想像がつく。毛沢東は『実践論』や『矛盾論』のような哲学的な書物を兵士の教育に使い、シヴィリアンとして軍隊をリードした。こうしたことは戦前の日本ではとてもあり得なかったが、重要である。

6 石原莞爾『戦争史大観』：最終戦争に日本が生き残るためには

本書で日本人として唯ひとり名を連ねるのは、東亜連盟を構想し満洲事変を主導した石原莞爾である。石原は戦争史の科学的研究に基づく独創的な戦争進化論から、世界最終戦論に到達する。これはある種の戦争肯定論であり、不可避論であった。つまり、道義によって闘争心をなくすことはできないから、世界的決戦戦争で世界を統一するしかないという、いわば一種の終末論的な考え方である。ここには石原が帰依した日蓮宗の教えが反映されている。一方で、この信仰心の篤い石原が当時の日本人には珍しい合理的な批判精神とリアリスティックな眼をもっていたことは特筆に値する。石原は戦争史の研究にあたって、日露戦争の勝利そのものが僥倖《ぎょうこう》によるものだったのではないかという疑念から出発している。つまり、勝利に沸き、美談として語られる勝ち戦に対して、冷静な分析の必要性を説いているのである。その後の日本における戦史研究の歩みを鑑《かんが》みると、これはきわめて重要な姿勢である。

7 リデルハート『戦略論』：戦争に至らない、戦争を拡大させないために何をすべきか

リデルハートは二度にわたる世界大戦を経験し、戦争の方式に対する批判を独自の戦略理論へと発展させた人物である。その戦略理論は「間接的アプローチ」として知られている。それは、最終的には核戦争までも含めて、戦争目的を達成するうえで、敵国との直接全面衝突を避け、敵国を間接的に無力・弱体化させて政治目的を達成し、味方の人的・物的損害を最小化するというミニマリズムの方法論である。これは、新しい意味での「戦わずして勝つ」という戦略であり、『孫子』の兵法と重なる。しかし、リデルハートの場合、相当複雑化したプロセスを経て議論をつきつめることによって、結果として非常にシンプルな結論に近似していった、あるいは総合された点が、『孫子』とは異なる。

興味深いのはリデルハートが第二次世界大戦時のチャーチルを批判していることで、ここにリデルハートのスタンスが明確に表れている。チャーチルに関しては、アイザイア・バーリン、ピーター・ドラッカーをはじめ多くの人びとが優れたリーダーとして賞賛している。宥和政策が支配的な中で、チャーチルはナチに対して立ち上がった。そのことによって、多くの人命が救われたのであり、もしチャーチルの行動がなければ世界の文明はどうなっていたかわからないという評価がある。

しかしながら、そのことによって結果として大英帝国は崩壊し、英国は米国に一等国の座を追われ二等国になる。これに対してどのように評価すべきかという議論が今日でもあるが、リデルハートはその点も見据えていた。つまり、この戦争を戦うことが国益に適《かな》うのか否かである。そのような批判を展開するのが、リデルハートである。

史実研究に基盤をおく現代戦略論研究

二〇世紀後半は一九八九年ベルリンの壁崩壊まで冷戦が続き、その下で核開発競争があった。冷戦終結後は、宗教・民族対立の激化、さらには二〇〇一年のアメリカ同時多発テロ事件があり、テロとの戦いといわれるように戦争の形態も変化している。以下に紹介する五冊の著者はいずれも現在も活躍中である。

8ルトワック『戦略』：戦争の意義とは何か

ルトワックの戦略理論は、下から技術、戦術、作戦、戦域戦略、大戦略という五つのレベルから成る「垂直面」と、各レベルにおいて敵と味方の間で繰り広げられる作用と反作用が起こる「水平面」という二つの面から構成されている。そして、「戦略の領域」にはすべてを反対方向に転ずる逆説的論理が満ちているという認識に立ち、逆説的論理の作用を戦略の一般論に関連づけながら、あらゆる形態の戦争や平時における国家間の敵対関係を左右する普遍的な論理を明らかにしようとしている。コンセプチュアルにはルトワックが最も明晰《めいせき》である。

9クレフェルト『戦争の変遷』：戦争の本質と新時代の戦争とは

マルタ会談が開かれ、冷戦が終結する一九八九年に、クレフェルトはこれからの時代の戦争はクラウゼヴィッツの主張した三位一体という形態はとらず、テロリスト、ゲリラ、山賊、強盗といった国家以外の集団によって行われることになるだろうと的確に予測している。正規戦の理論化を行ったクラウゼヴィッツに対して、クレフェルトは非正規的戦争をしっかりと視野に入れ、無秩序なブロック紛争に対応する理論を打ち立てた。クラウゼヴィッツを批判的に継承し、人間の存在論に基づいたリアリスティックな戦争論を構築しようとしている。

⑩グレイ『現代の戦略』：現代戦略をクラウゼヴィッツ的に解釈してみる

「戦略」とは時代と場所を超えて普遍的なものである。そしてその「戦略」について考える場合に、現代でも参考になるのがクラウゼヴィッツである――これがグレイのスタンスであり、クレフェルトとは対極に立つ。『現代の戦略』はクラウゼヴィッツの「注釈書」であると同時に、そのエッセンスを先鋭化させた「現代版」である。冷戦終結後一〇年間の内戦型の「新しい戦争」という概念については、あくまでも戦争は終始一貫して政治行為なのであり、もしそれが政治行為でなければ、テロなども単なる破壊的な犯罪行為でしかないと分析している。

⑪ノックス&マーレー『軍事革命とRMAの戦略史』：戦史から学ぶ競争優位とは何か

編者の一人マーレーは、東南アジアで米国空軍勤務の経験をもつ歴史家であり、戦史研究からある種の原理原則を導き出す。彼がノックスと編集したこの戦史論集を貫いているのは、「終わったばかりの戦場の実態と戦功を詳細に分析して、組織的な行動原理を真摯に学んだ国が、必ず次の戦争に勝利している。したがって科学的分析的な戦争のテクノロジーは重要であるが、それは一つの要素にすぎない」という観点である。これは最近刊行されたマーレーの単著 *Military Adaptation in War: With Fear of Change* でさらに展開されている。

二〇世紀までは少数の偉大なる将軍の構想力に依存することによって戦うことができた。しかし、二〇世紀以降、戦闘のリアリティへの適応は、組織と軍事諸制度が平和時に未来の戦争のコンセプトとイマジネーションを生み出せるか否かにかかっている。天才的な個人を生み出しトップにするということは困難である。しかし、組織のトップはイノベーションと適応を支援するイマジネーション、知的フレームワークを触発するようなカルチャーはつくることができるだろう。そして、ミリタリー・カルチャーをつくることを提唱している。

12ドールマン『アストロポリティーク』：古典地政学を宇宙に適用するとどうなるか

ドールマンは、マハンとハルフォード・マッキンダーといった古典地政学を継承しつつ、宇宙時代においてその有効性を明らかにしようとしている。その際、リアリズムの世界、すなわち国家が主要なアクターとして競争を繰り広げる状況が今後も続くこと、米国が今後も圧倒的なパワーを保有し続けること、LEO（人工衛星の低高度軌道）の軍事的コントロールを獲得することが可能であることが前提とされている。ともあれ、既存の概念を時空間のコンテクストを変えて拡大発展させるというのは、マハンと並んで戦略論におけるコンセプト創造の一つの方法論である。

歴史的イマジネーション

以上が私が選んだ「戦略論の名著」一二冊である。ここに選んだ書目には一つとして空理空論を展開しているものはない。一見すると突拍子もない展開のものもあれば、目の前の現実だけを語っているように見えるものもある。しかし、それらの著書が書かれた時代背景や著者の思想の根底にあるものを深く読めば読むほど、「名著」の著者すべてに共通する点がわかるはずである。

1　戦史研究（ヒストリカル・アプローチ）を通して現実を直視しつつ、未来を紡ごうとしている。現実から独立した論理で演繹的に命題を出した者はいない。

2　本質論＝「戦争とは何か」を様々な形で問うている。特に古典はその傾向が強い。状況ないし文脈に応じて様々な違いはあれども、各々独自の「戦争観」を持っており、結果としてそれが前面に出て哲学的・人間観的側面を持つ著書も多い。

3　時代のコンテクスト（時代背景）に深く影響を受けており、個別と普遍を往還するプロセスの中で自己の理論モデルを構築している。
4　どの著書も押しなべて術《アート》的側面を重視しているが、現代に近づくほど術《アート》と科学のバランスを志向している。

この四つの共通する事実を見るに当たり、歴史的イマジネーションが戦略の本質ではないか。そして、その根底にはリアリズムに基づくイマジネーションがあるのではないかと考えている。この歴史とは、歴史書のことではない。すべての過去のことを歴史と表現している。二三〇〇年昔にアリストテレスの語った言葉も、ついさっきまで行っていた・行われていた現実もすべて「歴史」なのである。このすべての過去を包含しつつ、「今」を考察し、未来を観ようとする姿勢が戦略眼なのであり、それを推し進めようとする力がリーダーシップである。

平和を望むのであれば、過去の戦争を研究すべき

本書の編集に取りかかった理由の一つは、現在の日本に最も欠けているものが戦略と戦争の研究ではないかと考えたからである。

もし平和を望むのであれば、過去の戦争を研究すべきではなかろうか。平和時こそ前の戦争を振り返り、そこから学ぶべきは学び、それを現実に照らし合わせてイノベーションを行う。そして未来の戦争（次の戦争）に備えることが大切である。さらには、それを前に推し進めることによって、この「名著」の著者たちが追求しようとしていた「戦争とは何か」という命題に対して少しでも近づく努力が必要である。

まず考えるべきは、そもそも日本人にとって「戦争とは何か」ということだ。第二次世界大戦後、米国は日本を民主的で平和な国家とすべく、GHQの指示の下、新憲法を制定させたが、一方で教育制度の改革も行っている。その結果日本では「平和主義」というテーゼのもと、「戦争はよくない」「平和を希求すれば平和が訪れる」という考え方が教えられてきた。しかし、「戦争イコール悪だから忌避する」という単純な考え方でよいのだろうか。

英国の美術評論家であり、経済学にも造詣の深いジョン・ラスキンは、戦争について、次のような言葉を残している。ラスキンは誰よりも平和を愛した人物だったが、戦争に対しては強烈なまでのリアリズムをもっていた。『武士道』で新渡戸稲造《にとべいなぞう》は、このラスキンのことばを引用してこのように述べている。

「私が戦争はあらゆる芸術の礎であるというのは、戦争が人間のあらゆる高徳と能力の基礎であるということである。この発見は私にとってとても奇妙なことで、またとても恐ろしいことでもあったが、私はそれが決して否定できない事実であると思えた。〔……〕要するに、すべての強大な国民は、自らのことばの真実性と思想の強さを戦争で学んだ。彼らは戦争に養われ、平和に荒らされ、戦争に教えられ、平和に欺かれ、戦争に鍛えられ、平和に裏切られた。一言でいえば、すべての偉大な国民は戦争によって生まれ、平和によって息を引き取ったのである」（樋口謙一郎・国分舞訳、IBCパブリッシング）

つまり、戦争とは人間の根源的な価値観に限りなく近づくものであるために、それを真摯に見つめることで初めて、われわれはあらゆる現実に対して謙虚な姿勢をとることができる。ほんとうに「平和」を実現したいと望むなら、戦争のなかに現れる人間の弱さや浅ましさ、愚かさなどの感情すべてを平常心をもって、リアリティとして受け入れなければならない。これこそが真のリアリズムである。

しかし、日本では、すでに第二次世界大戦前にはこのリアリズムを失いつつあったという指摘がある。日露戦争に勝ったとき、それがギリギリの戦いであったことを、当時の日本人はどれだけ認識できていたのだろうか。司馬遼太郎はこういっている。「一九世紀後半の明治人は、どの時代の日本人よりも現実的で武士的リアリズムがあり、弱さについての認識と計量ができた。しかし日露戦争を境にして、日本人は一九世紀後半に身につけたリアリズムを喪失してしまった」。だからこそ、リアリズムを否定した「昭和の戦争」について、彼はそれを描くことができなかったのだ。

帝国陸軍の異端児ともいわれた石原莞爾も『戦争史大観』において、「日露戦争の日本の勝利は僥倖の上に立ったのではないか」という問題提起を行っている。たしかに日露戦争では、優れたリーダーたちが現実を直視していた。それが昭和になり、『失敗の本質』で分析をしたように観念論が幅を利かすようになるにつれて、日本は破滅への道を歩みはじめるのだ。さらに、敗戦という負の経験を活かすことがままならない中で、日本では、人間そのもののあり様を照らし出し、「平和」への糸口となるような「戦史研究」が進められてこなかったのだ。

つまり、わが国は悲惨な敗戦という経験をしたにもかかわらず、「平和主義」という言葉を鵜呑《うの》みにしてその反省から目を背けてきた。しかしラスキンが指摘するように、戦争それ自体が人間にとって「あらゆる高徳と能力の基礎」なのである。「安全保障」は政府の最も重要な責務であるにもかかわらず、この言葉を政府自身やジャーナリズムでさえ使うことをためらうような国は、世界中を探しても見つけることが難しいのではないだろうか。

リアリズムに基づいた思考を

戦争は善か悪かと問われれば多くの場合それは悪であろう。ただし、その悪である戦争を自ら喜んで志向して推し進める人間は過去の歴史を振り返っても少数派である。ほとんどは平和を望み、戦争をできれば避けたいと思っている。しかし、それでも戦争は起こることがあるのだ。そしてここに人間としての究極の命題が眼前に表出する。死にたくはない、しかし命を賭して守らねばならないものがある。時空を超えて存在する人類共通の難問の一つである。だとすれば、なぜ起こるのかを歴史から学び、現実を直視し行動することがこの難問、戦争を避ける最善の道であろう。

では、われわれに必要なリアリズムに基づくイマジネーションとはどのようなものか。それは以下のようなものではなかろうか。まず、個人の器の中で、経験の質と量（よりバラエティに富んだもの：修羅場を含む）がイマジネーションというシステムの身体的な基盤を作る。そこに歴史という情報がインプットされ、そうありたい理想とリアリズムが往還する思考を行うと、心のスクリーンに未来が生き生きと描かれ、現実かの如《ごと》く動き出すのである。

今の日本には、このような現実的戦略思考を身につけた人材を世に多く輩出する仕組みと、それら人材をより組織の高みに押し上げていくフレームワークの創出が必要である。そのためにも、多くの人々が戦争や軍事に関する様々な知識を学び、これらに基づいた哲学的思想、国家論、人類論を含めた大観論を「より良い未来」に向かって議論しながら実践を繰り返し、理想主義的プラグマティズムを身につけることができる戦争文化を醸成すべきではなかろうか。

最後に本書第9章に登場するクレフェルトが別著『戦争文化論』日本語版への序文で述べている日本人に向けてのメッセージを紹介したい。

「今日の日本、すなわち防衛費がGDPの一パーセントにも満たない日本においても戦争文化が重要なのは、次の二つの理由による。第一に、何世紀にもわたってそれは社会生活の最も重要な柱を形成してきたからである。すなわち、国家の文化の他の局面にも勝るとも劣らないほど洗練され、興味深く、そして研究する価値を有するものなのである。〔……〕第二に、他国でも同じことが言えるが、日本が再び深刻な脅威にさらされるような事態が生じれば、戦争文化は絶対に不可欠なものになるからである」（石津朋之監訳、原書房）

本書を手に取った多くの方々が、それぞれの立場で歴史に学び、考察してこの現実的戦争文化を醸成する一翼とならんことを願い結びとしたい。

野中郁次郎

著作解説

1 孫武『孫子』（紀元前五世紀中頃～四世紀中頃）

戦史研究者で戦略研究学会初代会長をつとめた土門周平氏は、同学会の『戦略論大系』全七巻（芙蓉書房出版）の序説で『孫子』を評して、つぎのように述べている。「我が国の江戸時代から、武士の基本的教養書として扱われていたので、武士が兵法を勉強するために暗記した原典の字句が、いつの間にか、江戸庶民の日常生活のための警句として流用されているほど、日本人には身近な兵学書である」。

土門氏がいうように、「兵とは詭道《きどう》なり」「彼を知り己《おの》れを知れば、百戦して殆《あや》うからず」など人口に膾炙《かいしゃ》した句も多く、日本人には「孫子の兵法」として親しまれている。しかし、それは一兵学書にとどまるものではない。人間集団を率いるトップ・リーダーのための書であることはいうまでもないが、「先知の兵学」「不戦屈敵の兵学」「企業経営の指南書」「人格練磨の修養書」等々、読み手の物の見方・考え方によって多種多様な捉え方ができる。それは、「いかなる権威にもとらわれない精神の自由」という春秋・戦国時代の時代精神を背景に、生身の人間の赤裸々な実態を基底にすえた「人間主義」を基本理念としているからである。

孫武と底本について

『孫子』は古くから古典として読み継がれていたが、その原本、著者については必ずしも詳《つまび》らかではなかった。事実、春秋時代（紀元前七七〇〜四〇三）の兵法家・孫武《そんぶ》によって執筆されたとされる『孫子』の原本は未だ発掘・発見されていない。また、孫武の生没年、出生地ともに不詳で、おおむね孔子《こうし》（紀元前五五一頃〜四七九）と同時代人で、孔子の生地・魯《ろ》の国の東隣りにある斉《せい》の国（現在の山東省付近）の生まれであったといわれているにすぎない。

さらに文献史料も乏しく、司馬遷《しばせん》が『史記』の「孫子呉起列伝《そんしごきれつでん》」のなかで、孫武が宮廷の女官百八十名を演練したとの逸話を伝えているほか信憑性《しんぴょうせい》の高いものが少ない。加えて、呉越《ごえつ》の抗争について書かれた『春秋左氏伝《しゅんじゅうさしでん》』にも宰相・伍子胥《ごししょ》の名はあっても、孫武の名を見出すことはできない。そのため、久しく彼の実在そのものが疑問視される時期が続いた。

ところが、一九七二年、山東省の銀雀山《ぎんじゃくざん》において紀元前三一七年から一三四年頃のものと思われる漢墓から『竹簡孫子』が発掘された。出土した『竹簡孫子』の厳密な考証により、孫武の実在性に対する疑念はおおむね解消された（この点については、河野収『竹簡孫子入門』〔大学教育社〕を参照）。

秦（紀元前二二一～二〇六）・漢（紀元前二〇二～紀元二二〇）の時代には、「孫子の兵法」に関する解説書が各種出回っていた。後漢（二五～二二〇）末の二〇〇年頃、それを収集整理したのが『三国志』で劉備《りゅうび》、関羽《かんう》、諸葛孔明《しょかつこうめい》らの敵役として戦国乱世の奸雄《かんゆう》といわれた魏《ぎ》の曹操《そうそう》（一五四～二二〇）である。曹操はそれらをあらたに全十三篇から成るものに編纂《へんさん》し直し、簡潔な注釈を施して上梓《じょうし》した。これが『魏武注《ぎぶちゅう》孫子十三篇』であり、現在われわれが手にしている『孫子』の底本である。

『孫子』の思考の構造

江戸時代の儒学者・山鹿素行《やまがそこう》によれば、『孫子』全十三篇は「常山《じょうざん》の蛇」（九地《きゅうち》篇）のように、首・胴体・尾が一体的に体系化された有機的な生命体であるという。首と尾が「第一計《けい》篇」と「第十三　用間《ようかん》篇」であり、第二から第十二篇が胴体であるとする。首にあたる「計篇」は、『孫子』全篇の序論であるとともに、全篇の概要でもあり、「計篇」における「五事・七計・詭道」の三大綱領によって、『孫子』の基本構造は構成されている。

井門満明《いどみつあき》氏は『「孫子」入門』（原書房）で、孔子の編述といわれる史書『春秋』の「国の

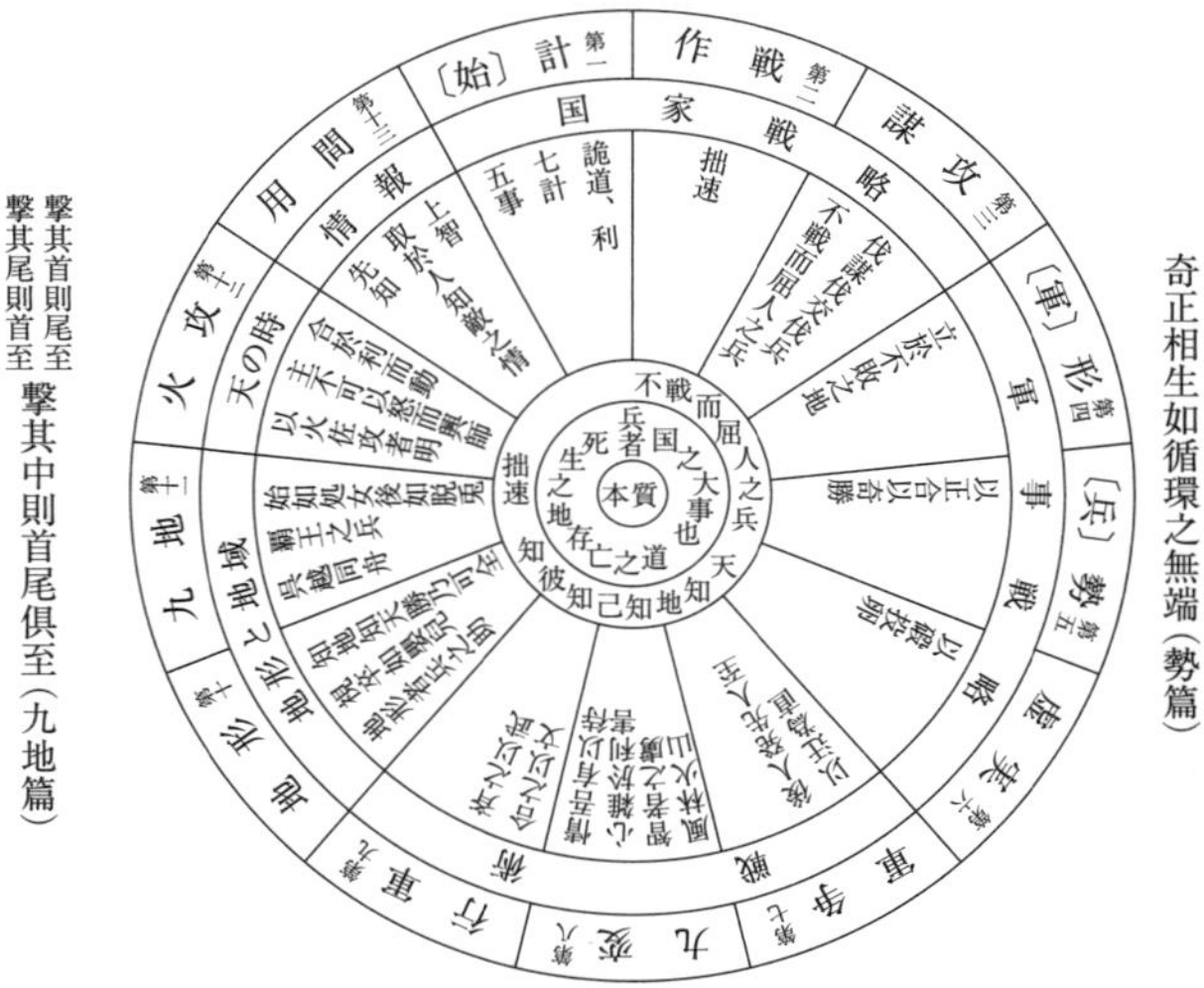

図　「孫子」の思考の構造（井門満明『「孫子」入門』より）

大事は祀《し》と戎《じゅう》とにあり」について、「祀」は国家活動における内的表現であり、「戎」は外交を主とする国家安全保障を担保するものであるという。そして「祀」と「戎」が、あたかも楕円の二つの中心を占め、その円周の上に政治、外交、経済、文教、法制、軍事などがそれぞれ位置を占めて、相互に密接に協力しながら二つの中心を志向するとしている。

『孫子』は冒頭において「兵とは国の大事なり。死生《しせい》の地、存亡の道、察せざるべからざるなり」と喝破している。つまり、戦争とは、国家にとって回避できない喫緊《きっきん》の課題である。戦争は国民にとっては生死が決せられるところであり、国家存亡の岐《わか》れ道である。よって、われわれは戦争を徹底的に研究しなければならない。この文言に孫武が「戎」を主体に説いていこうとする姿勢が明確に表れている。そしてその際、孔子の「祀」が暗黙裡の前提となっていると考えなければならない。

井門氏は、孔子がいう「祀」と「戎」を有機的・体系的に一体とする『孫子』の思考の構造を、「社会現象は現実の中で有機的な連関を保って公転し、かつ、それぞれの個有法則によって自転する」と述べたうえで、『孫子』十三篇を「有機的連関の態様は、全体としては円を為《な》す鎖の連環に見立てることが出来る」という(前頁図参照)。この循環する円環を、私はさらに以下の六分野に区分してとらえている。①「大戦略」あるいは「国家戦略」、②「軍事戦略」あるいは「作戦戦略」、③「作戦戦略」あるいは「戦術」、④「兵要地誌」あるいは「戦場の軍事的特性」、⑤「大量破壊兵器運用における考慮要件」、⑥「情報・対情報」。この六区分に沿って各篇の内容を概観しておきたい。

「大戦略」あるいは「国家戦略」

冒頭の「計《けい》」「作戦《さくせん》」「謀攻《ぼうこう》」の三篇は「大戦略」あるいは「国家戦略」である。

「第一　計篇」: 先述のように、『孫子』十三篇の序論であり、全体の概要である。ここでは、平時における国家指導者が、国家の主体的な安全保障体制をいかに構築・整備するべきかという観点から留意すべき考慮要件を「五事」「七計」(詳細については後述)によって、緊急事態発生の場合における政治・軍事指導層の臨機応変の対応術を「詭道十四変」によって提示している。総じて政軍の最高指導層の情報・意志決定の重要性について喚起している。

「第二　作戦篇」：ここでいう「作戦」とは、俗にいう「オペレーション」ではなく、「戦いを作《おこ》す」という意味である。武力行使の要否・可否を決定する際の最高指導層が策定すべき「戦争計画」について論じる。孫武は、武力の行使が国家経済に及ぼす負の影響について警鐘を鳴らしており、武力の行使は極力回避すべきというのが基本姿勢である。ただ、やむを得ず武力の行使に踏み切った場合は「拙速《せっそく》」(短期決戦)をもってすべきと説く。

「第三　謀攻篇」：本篇は武力の行使は極力抑制し、「不戦屈敵」(伐謀・伐交)を主体にすべきであるとする趣旨である。しかし、抑止が破綻した場合は、平時において整備した精強なる軍事力をもって行うべき「用戦屈敵」(伐兵・攻城)、つまり対処力が重要性になる。「不戦屈敵」とは安穏な平和主義ではなく、精強な軍事力をもってする「用戦屈敵」能力という担保力を前提としていることに留意しなければならない。

「軍事戦略」あるいは「作戦戦略」

「形《けい》」「勢《せい》」「虚実《きょじつ》」三篇は、「将」を主格とする「軍事戦略」あるいは「作戦戦略」である。

「第四　形篇」：本篇以降は、抑止が破綻し武力行使によって国家の安泰を図る必要が生じた段階以降の「軍事戦略」が主題である。本篇は、不敗態勢の整備確立、特に軍隊の進退、攻守に関わる原則を説く。

「第五　勢篇」：この「勢」は、「計篇」にいう「勢とは利に因《よ》りて権《けん》を制するなり」ではなく、「戦勢は奇正《きせい》に過ぎざる」のエネルギーを意味している。言い換えれば、将兵各人の個人的な知力や勇敢さではなく、作戦・戦闘に任ずる部隊の有機的・組織的に造成された統合的な戦力発揮について論じる。本篇でいう「戦いは、正《せい》を以《もっ》て合い、奇を以て勝つ」のが、作戦・戦闘指導の要訣《ようけつ》である。

「第六　虚実篇」：ここでいう「虚実」、つまり弱さと強さは、相対的な戦力の強弱、あるいは戦略・戦術上の状態（「形」と「勢」）だけを指すものではない。それは「佚《いっ》と労《ろう》、飽《ほう》と饑《き》、安と動」のような、有機的な生命体としての軍隊の精強度を指す。「兵の形は実を避けて虚を撃つ」が本篇の骨子である。これは「能《よ》く敵に因りて変化」する、状況即応・臨機応変の作戦・戦闘指導によって可能になる。

［作戦戦略］あるいは［戦術］

「軍争《ぐんそう》」「九変《きゅうへん》」「行軍《こうぐん》」三篇が、「将」および「隷下の各級軍隊指揮官」を主格とする「作戦戦略」あるいは「戦術」である。

「第七　軍争篇」：戦場においては終始にわたり先制・主動の争奪が決定的である。そこで孫武は、「迂直《うちょく》の計を先知する者は勝つ。此《こ》れ軍争の法なり」といい、戦場における作戦・戦闘指導の要訣は、「迂《う》を以て直《ちょく》と為《な》し、患《かん》を以て利と為す」（曲がりくねった道をまっすぐに変え、不利な条件を有利なものへと転じること）にある。

「第八　九変篇」：巷間《こうかん》「戦場の実相は、錯誤の連続である」といわれている。戦場において軍隊が遭遇する状況は、千差万別・多種多様である。したがって軍事的な原則（定石）は、特殊個別的な状況に即応しうるように適宜補備修正して活用されなければならないという。なお「九」という数字は無限に変化するという意味であり、九つという数の要則をいうものではない。篇末の「将の五危《き》」は、「計篇」にいう「将とは智・信・仁・勇・厳なり」に対応する訓戒である。

「第九　行軍篇」：行軍とは、敵との戦闘を予期して行う軍隊の戦場機動のことであり、その成否は敵情および戦場に関する周到綿密な情報活動に依存する。ここでは行軍を、山地行軍、河川地帯行軍、沼沢地行軍、平地行軍に大別し、敵情・地形に関し綿密周到なる偵察を行い状況判断の精確を期すべきことを具体的に論じている。

「兵要地誌」あるいは「戦場の軍事的特性」

「地形《ちけい》」「九地《きゅうち》」二篇は、主として「将」が行う作戦・戦闘地域の兵要地誌と、これに応ずる指揮運用の要訣である。

「第十　地形篇」：本篇は、単に作戦地域の戦略・戦術的な特性を論じるに止まるものではなく、地形判断に基づく戦況判断を将帥《しょうすい》の資質が密接に関連するものとし、軍隊指揮統率の成否は指揮官の総合的な人格識見の帰結と捉えるものである。すなわち「進んで名を求めず、退いて罪を避けず、唯《ただ》民を是《こ》れ保ちて而《しか》して利の主に合うは、国の宝なり」と結論づけている。特に前半で論じる作戦・戦闘指導の要訣は、「作戦篇」で強調した「拙速」であり、すなわち武力戦の長期化を回避し、極力短期化・限定化を図るべき点にある。

「第十一　九地篇」：前半では、戦場地形の多様性を述べ、これに応ずる作戦・戦闘の運用の在り方を論じ、後半では、呉王の質問に対する回答、対越国侵攻計画の骨子を展開する。

大量破壊兵器と情報活動

「第十二　火攻《かこう》篇」：前半は「火攻め・水攻め」、すなわち現代風にいえば「大量破壊兵器の運用」、後半は『孫子』十三篇の総括的な結言に相当するものを論じている。なぜ総括的な結言が、場違いな「火攻篇」にまぎれこんでいるのか、古くから論議の的になっているが、今日に至るも明快な説明はなされていない。ここで注目すべき文言は「費留《ひりゅう》」である（後述する）。

「第十三　用間篇《ようかん》」：本篇は国家情報活動の重要性を訴えるものであるが、「先知なる者は〔……〕必ず人に取りて敵の情を知る者なり」とあるように、ヒューミント（人的情報収集技法）を主体に情報活動の重要性を論じている。情報使用者である最高政治指導者のヒューミント運用上の留意すべき全人格的な心構えについて力説している。ヒューミント以外の情報活動については、他の各篇に分散して記述されているので、読者はあらためて情報活動という視点で自らの能力を駆使して再構成しなければならない。

タオイズムの影響

『孫子』は「第一　計篇」の冒頭において、最高政治指導者である「主・君」が国家統治にあたり心すべき「五事」として、「道・天・地・将・法」の五つの要目を掲げている。そして「道とは民をして上《かみ》と意を同じうし、これと死すべく、これと生くべくして、危《うたが》わざらしむるなり」という。つまり、最高政治指導者と国民が国家経営の理念・経綸《けいりん》を共有し、国家的危機に際して国民が指導者と生死をともにする覚悟がある状態にあることを指している。

この「道」は、孔子が理想とする社会的な道義性を重んじる為政者の徳治主義に基づいている。

一方で、先述のように、孫武は儒家の孔子のみならず、道家の老子《ろうし》の同時代人でもあり、このまったく相反する志向性をもつ双方の影響を受けているようである。それゆえ、この「道」を、人間の本来性を追求する無為自然の「道（タオ）」との関連から捉える見方もある。『孫子』の英語版 ***The Art of War*** の訳者トーマス・クリアリーも、タオイズムの影響についで指摘している。ここでは老子の影響についてふれてみたい。

「道（タオ）」とは宇宙全体の根源的な存在である。老子は「これ〔道という存在〕を視《み》れども見えず、名づけて夷《い》と曰《い》う。これを聴けども聞こえず、名づけて希《き》と曰う。これを搏《とら》うるも得ず、名づけて微《び》と曰う。此の三つの者は詰《きつ》を致《いた》すべからず。故《もと》より混《こん》じて一《いつ》と為《な》る」（第十四章）と語る。金谷治氏はこの箇所に、感覚や知識を超えたおぼろげなものを、なんとか手探りでたずねあてて自分のものにしようとする実践性があると注釈している（『老子』講談社学術文庫）。つまり、世界の万象をつらぬく真実の根源者である「道（タオ）」は、自ら参入し体認しなければならない。この「タオ」は、第五十四章でいう「修身斉家治国平天下《しゅうしんせいかちこくへいてんか》」の実践となり、自分自身の徳を修め高めることにより、天下という世界の実態を会得することができるとする考え方である。さらに、第二十九章において「将《まさ》に天下を取らんと欲してこれを為すは、吾《わ》れ其の得ざるを見るのみ。天下は神器、為すべからず、執るべからず。

為す者はこれを敗《やぶ》り、執る者はこれを失う」とし、「無為自然」を実践して自己を修練しなければならないと説くのである。

『孫子』のなかに、タオイズムと共鳴しあう箇所は容易に探し出すことができる。たとえば、「百戦百勝は善の善なる者に非《あら》ざるなり。戦わずして人の兵を屈するは善の善なる者なり」(謀攻篇)、「尽《ことごと》く用兵の害を知らざる者は、則《すなわ》ち尽く用兵の利を知ること能《あた》わざるなり」(作戦篇)である。これらは『老子』の「いったい武器というものは不吉な道具である。〔……〕そこで、「道」をおさめてそれを身につけた人は、武器を使うような立場には身をおかないのだ」(第三十一章)、「天の道――自然のはこびかた――は、〔……〕余りのあるものを減らして、足りないものを補うのだが〔……〕、「道」と一体になった聖人は、大きな仕事をしても、それに頼ることはせず、りっぱな成果があがっても、その栄光に居すわったりはしない」(第七十七章)ときわめて近い。

また、「善《よ》く戦う者は、勝ち易《やす》きに勝つ者なり。故に善く戦う者の勝つや、智名もなく、勇功もなし」(形篇)は、『老子』の「天は永遠であり、地は久遠である。〔……〕天も地も無心であって自分で生きつづけようなどとはしないから、だからこそ、長く生きつづけることができるのだ」(第七章)、「善なる者は吾《わ》れこれを善しとし、不善なる者も吾れ亦《ま》たこれを善しとして、善を徳《う》(得)」(第四十九章)、「天の道は、争わずして善く勝ち、言わずして善く応じ、招かずして自ら来たし、繟《せん》（坦）然《ぜん》として善く謀る」（第七十三章）に通じている。

さらに、孫武の「水の兵法」。「兵の形は水に象《かた》どる。水の行るは高きを避けて下きに趨《おもむ》く。兵の形は実を避けて虚を撃つ。水は地に因《よ》りて流れを制《めぐ》し、兵は敵に因りて勝を制《ひく》す。故に兵に常勢なく、水に常形なし」（虚実篇）。ここは、老子の「上善《じょうぜん》は水の若《ごと》し。水は善く万物を利して而《しか》も争わず」（第八章）、「天下水より柔弱なるは莫《な》し。而《しか》も堅強を攻むる者、これに能く勝る莫し」（第七十八章）に通じ、かつ無為自然の戦略を為すものである。

シヴィリアン・コントロールの視点から

『孫子』が兵学書として現代に息づいていることは、一九七〇年代、米国防総省が設けた『孫子』や『戦争論』などの軍事古典の研究会」で主導的な役割を果たしたマイケル・ハンデル博士の『孫子とクラウゼヴィッツ』（杉之尾宜生・西田陽一訳、日本経済新聞出版社）が、米陸軍戦略大学校テキストとして採用されていることから窺《うかが》い知ることができる。ここでは今日においても重要なテーマの一つであるシヴィリアン・コントロールの視点から『孫子』をとらえてみたい。

冒頭の「兵とは国の大事なり。死生の地、存亡の道、察せざるべからざるなり」につづけて、孫武は「故にこれを経《はか》るに五事を以《もっ》てし、これを校《くら》ぶるに計を以てして、其《そ》の情を索《もと》む」（このために、五つの根本要素に照らして祖国の主体的な力量を検証し、次いで七つの根本要素に照らして祖国と諸国との力量の相対的な比較を行え。そうすれば祖国が当面する危険・危機・戦争の特質と実態が解明でき、祖国が自己革新すべき問題点が明らかになるであろう）と述べている。ここでは、平時において祖国が準備すべき改良・改善・改革の課題を明らかにし、祖国の主体的な安全保障体制の整備・拡充への方向づけを行うことの重要性を訴えている。前述したように、「五事」とは「道・天・地・将・法」であり、最高政治指導者が国家経営において最も重視すべき考慮事項である。「謀攻篇」では「上下の欲を同じうする者は勝つ」（将兵の心を、共通の目的・目標に向かって衆心一致させることができる者は勝利する）とも述べている。「七計」とは、「五事」により整備強化した祖国の有形無形の主体的力量と、周辺諸国との相対的な優劣を七つの比較要素に基づき行い、問題点を発見し、改良・改革を行うべきとするものである。

これら「五事」・「七計」は平時兵法ともいうべきものであって、山鹿素行は、前者を「知己」といい、「先伝」すなわち予め準備可能な事項であるとし、後者を「知彼・知己」といい、「先知」すなわち予め予測し対応しておくべき事項としている。これらはいずれも「主」あるいは「君」と称される最高政治指導者を主格としており、彼らによって拳拳服膺《けんけんふくよう》されるべき国家経営上の重要考慮事項であるとされている。これを簡潔に表現すれば、

「主・君」：最高政治指導者のための帝王学：「道・天・地・将・法」

「将」：主・君を補佐する軍事専門家のための将帥学：「智・信・仁・勇・厳」

国家的な危険・危機・戦争への対応

そこで孫武は、国家的な危険・危機・戦争への対応について、どのような考え方をしていたであろうか？「百戦百勝は善の善なる者に非《あら》ざるなり。戦わずして人の兵を屈するは善の善なる者なり。故に、上兵は謀《ぼう》を伐《う》ち、其《そ》の次は交《こう》を伐ち、其の次は兵を伐ち、其の下《げ》は城を攻む」。これを簡潔に展開すれば、つぎのようになる。

屈敵の二類四段階：

「不戦屈敵」：「上兵は謀を伐ち、其の次は交を伐ち」

「用戦屈敵」：「其の次は兵を伐ち、其の下《げ》は城を攻む。攻城の法は已《や》むを得ざると為《な》す」

将帥学としての『孫子』は、「将は国の輔《ほ》なり。輔、周《しゅう》なれば則《すなわ》ち国必ず強く、輔、隙《げき》あれば則ち国必ず弱し」（国家主権を担保すべき軍事を司る将帥は、国家存立の最後の砦《とりで》である。将帥が掌握する国家防衛力が精強であれば国家は必ず盛強であり、国家防衛力に欠陥があれば国家は必ず衰退する）と見なし、「主・君」と「将」との関係を唇歯《しんし》輔車《ほしゃ》の関係になぞらえている。これが孫武のいう「政軍関係」である。

一方孫武は、「主・君」が「将とは、智・信・仁・勇・厳」の将帥選定準拠により、「将」を任命し「政治が軍事を制御支配」する姿勢を旗幟《きし》鮮明にしている。これこそ「政軍関係」すなわち「シヴィリアン・コントロール」の基本である。

孫武は、主権者たる「主・君」の権力基盤を担保すべき軍事力の指揮運用を任せるべき「将」を任命し、主権者が策定する「大戦略」の大枠の中に「軍事戦略」・「作戦戦略」・「戦術」を的確に位置づけて、「将」を通じて軍事力を確実に掌握し使用すべきことを主張している。

しかし同時に孫武は、「主・君」たる主権者が軍事力の使用に際し、特に自戒しつつ抑制的に留意すべき要訣を、「第三　謀攻篇」において「君主の三大憂患」として、帝王学の核心としている。「軍の進むべからざるを知らずして、これに進めと謂《い》い、軍の退くべからざるを知らずして、これに退けと謂う。是《こ》れを軍を縻《び》すと謂う。三軍の事〔政と同じ意味〕を知らずして三軍の政を同じうすれば、則ち軍士惑《まど》う。三軍の権〔三現主義による状況即応の指揮運用〕を知らずして三軍の任を同じうすれば、則ち軍士疑う」と。

さらに最高政治指導者の将帥に対する基本姿勢として、同じく「謀攻篇」にある「将、能にして君の御《ぎょ》せざる者は勝つ」（有能で、政府の統帥干渉から自由な将帥は、勝利を獲得できる）は、きわめて重要である。

政治と軍事との相関関係を直截に論じた「第十二　火攻篇」の文言、「夫《そ》れ戦勝攻取して其《そ》の功を修めざる者は凶なり。命《な》づけて費留《ひりゅう》と曰《い》う」（敵野戦軍を撃破し、所命の地域を占領したとしても、その作戦・戦闘の軍事的な成果を、戦争目的達成のため有効に昇華させることができなければ、一体何のために戦ったのか判らなくなってしまう。このような事態に陥ることを「費留」すなわち「骨折り損のくたびれ儲け」という）は、きわめて自戒的な孫武の警句として記憶されなければならない。

留意すべき「武力行使三要件」

「費留」に引き続き孫武は、武力行使に先立って君主と将帥が、留意すべき「武力行使三要件」について、つぎのように説いている。「故に明主はこれを慮《おもんぱか》り、良将はこれを修む。利に非《あら》ざれば動かず、得《う》るに非ざれば用いず、危うきに非ざれば戦わず」（それ故に、聡明な君主は戦争指導において「費留」についてよく考慮して「戦争計画」を策定し、良将はこれを具現実行する。すなわち戦争目的達成に貢献しない武力行使は行わない。勝利獲得の可能性のない武力行使は行わない。国家危急存亡の緊急事態において他に有効な手段がない場合でなければ、武力行使は行わない）。加えて「主は怒りを以て師を興《おこ》すべからず、将は慍《いきどお》りを以て戦いを致《いた》すべからず。〔……〕怒りは復《また》喜ぶべく、慍りは復悦《よろこ》ぶべきも、亡国は復存すべからず、死者は復生くべからず」と戒めている（「第十二　火攻篇」）。

こうしてみると、国家存立の最後の砦たるべき軍事力を直接掌握し指揮運用する、将帥に求められる無形の精神的要素として、孫武は「進んで名を求めず、退いて罪を避けず、唯《ただ》民を是《こ》れ保ちて而《しか》して利の主に合うは、国の宝なり」（「第十　地形篇」）を厳しく要求している。つまり、「戦勢有利に進展する攻勢にあっても、己の功名心にとらわれ軍事合理的に無理な猪突猛進を隷下部隊に強要するのではなく、また戦勢利なく転進・撤退などを余儀なくされる苦境にあっては、一身に全責任を負う覚悟をもって、一見受動の消極的な方策をあえて採り、隷下部隊の組織的戦闘力の瓦解を未然に防ぎ、部下将兵の生命の保全をもって祖国の致命的な軍事的敗北を回避し、最高政治指導者を軍事的に補佐することのできる将帥は、国の宝というべきである」ということである。

不測の事態に備える

畢竟《ひっきょう》するに『孫子』十三篇の狙うところは、「第八　九変篇」にある「故に用兵の法は、其の来たらざるを恃《たの》むことなく、吾《われ》の以て待つ有ることを恃むなり。其の攻めざるを恃むことなく、吾《わ》が攻むべからざる所あるを恃むなり」である。つまり、想定したくない地震や津波のような悲惨な事態が来襲してくることはあり得ないという希望的な観測に依存するのではなく、いかなる災厄が襲ってきても被害を最小限にとどめられる準備態勢を平素から構築整備しておこう、平和を希求する自国に武力侵攻するような邪《よこしま》な外国勢力は周辺には存在しないという願望に依存するのではなく、いつ如何《いか》なる武力侵攻に対しても抑止・撃退し得る不敗の防衛態勢を平素から構築整備しておこうということである。

最後に『孫子』に接する基本的な修学態度について、『講孟余話《こうもうよわ》』から吉田松陰の訓戒を掲げておこう。「経書を読むの第一義は、聖賢に阿《おもね》らぬこと肝要なり。若《も》し少にしても阿る所あれば、道明ならず、学ぶとも益なくして害あり」。

■テキスト

『孫子』町田三郎訳、中公クラシックス、二〇一一年

■孫子の言葉

百戦百勝は善の善なる者に非《あら》ざるなり。戦わずして人の兵を屈するは善の善なる者なり。

（謀攻篇）

＊

彼を知り己《おの》れを知れば、百戦して殆《あや》うからず。（謀攻篇）

＊

其の疾《はや》きこと風の如く、其の徐《しず》かなること林の如く〔……〕。（軍争篇）

＊

勝者の民を戦わしむるや、積水《せきすい》を千仞《せんじん》の谿《たに》に決するが若《ごと》きは、形《かたち》なり。（形篇）

＊

兵の形は水に象《かた》どる。水の行《めぐ》るは高きを避けて下《ひく》きに趨《おもむ》く。〔……〕故に兵に常勢なく、水に常形なし。（虚実篇）

杉之尾宜生

2 マキアヴェリ『君主論』(一五一三年)

背景

一般に古典なるものは、よく知られ言及されることが多いわりには、あまり読まれないものである。だが、マキアヴェリの『君主論』は違う。なにしろ、これまでに何度も日本語訳が出版され、現在でも文庫版だけで中公文庫、岩波文庫、講談社学術文庫、角川ソフィア文庫、と四種類もある。

これほど『君主論』が出版される(そしておそらく読まれている)ことには、それなりの理由があるだろう。まず、長さが適当である。そんなに苦労せずに読みきることができる。そもそも、いかに評価の高い古典であっても、あまりに長く数巻にも及ぶものであれば、なかなか読む気にはなれない。次に、論旨が明快で、しかも意表を衝《つ》いた著者の指摘に、つい引き込まれてしまう(永井三明「『君主論』の成立」『マキァヴェッリ全集1』)。要するに、面白い。

さらに、内容が、書かれてから五〇〇年も経つのに、意外なほど現代に通じている。現代人の問題意識に響き合うところが多いとも言えよう。こうした点に、五〇〇年も前の著作なのに、今でもよく読まれる理由があるのだろう。

著者ニッコロ・マキアヴェリ（Niccolò Machiavelli, 1469〜1527）は、ルネサンス末期イタリアの、都市国家フィレンツェに生まれ、二九歳で同政庁の中級官僚として採用された。当時、イタリアではフィレンツェ、ヴェネチア、ミラノ、教皇領、ナポリ王国などが分立し、そこにフランスやスペインが介入してくるという錯綜した状況が続いていた。そうした状況の中でマキアヴェリはフィレンツェの外交や軍事改革に重用されたのだが、一五一二年、政変のために職を追われてしまう。『君主論』（*Il Principe*）は、この政変によって政権に復帰したメディチ家の若き指導者に献呈されたものである。

『君主論』が書かれたのは一五一三年とされているが、献呈後しばらくは、手書き（手稿）本の回覧によって読まれ、印刷して出版されたのはマキアヴェリの死後のことであった。ところが、やがてこの著作は反道徳的であるとしてローマ教皇庁により禁書とされる。目的のためには手段を選ばない権謀術数を説いたものと見なされたのである。そうした見方がマキアヴェリズムという言葉を生んだのだが、このような言葉が生まれ使われたこと自体、禁書扱いされても、この本が読み継がれていったことを物語っている。権力を獲得しそれを維持するための方法を本音で語る指南書とされたのであった。

『君主論』の価値が再評価され見直されるようになるのは、近代に入ってからである。もともとマキアヴェリは、周辺大国による侵略に対抗しイタリアの統一を訴えるために、この本を書いた。近代に入りイタリア統一の動きが本格化するようになって、ようやくマキアヴェリの真意が見出されるようになったと言えよう。さらに、マキアヴェリが政治と宗教的倫理をあえて切り離した点も——かつてはそれが反道徳的であると非難された部分だったのだが——高く評価され、彼は近代政治学の祖とさえ見なされるようになった。

『君主論』は、その表題のとおり、君主のあり方を述べたものであって、必ずしも戦略を論じたものではない。より正確に言えば、マキアヴェリは、イタリア統一のための君主のあり方、祖国統一のための政治的リーダーシップを論じた。それは、一六世紀初頭のイタリアにおける statecraft（国家統治の術あるいは技法）を論じたものと捉えることができる。

ただし、国家統治の術あるいは国家経綸の技法は、そのすべてではないにしても、かなりの部分が国家戦略と重なっている。それゆえ、われわれは『君主論』を、戦略を論じた古典として読むことができる。実際、戦略論の入門書として名高い *Makers of Modern Strategy*（邦訳はエドワード・ミード・アール編『新戦略の創始者』原書房）には、「マキアヴェリからヒトラーまで」という副題が付けられた。近代の戦略はマキアヴェリに始まるとされたのである

(ちなみに一九八〇年代に同書の改訂版が刊行されたとき、副題は「マキャヴェリから核時代まで」となった。邦訳はピーター・パレット編『現代戦略思想の系譜』ダイヤモンド社)。

マキアヴェリの戦略論は、むろん一六世紀初頭のイタリアの状況を前提としている。したがって、彼の主張のすべてが現代に通じるわけではない。以下では、そこに留意しつつ、彼の主張の主要な部分を紹介してみよう。なお、彼の戦略論は『君主論』だけではなく、それと並行して執筆したとされる『ディスコルシ(論考)』(『政略論』、『ローマ史論』、『リウィウス論』とも訳される)にも述べられているので、適宜、それも参照することにしたい(以下、出典が『君主論』の場合は該当章のみを示し、『ディスコルシ』〔永井三明訳、ちくま学芸文庫〕の場合は書名と該当巻・章を明記する)。

決断力と果断さ

全編二六章から成る『君主論』の中で、最も印象深いのは、君主(リーダー)の決断力、果断さを強調している点である。例えば、戦争の決断について、マキアヴェリは次のように論じている。ローマ人は戦争を避けようとして、のちに禍根を残すようなことは決してしなかった。なぜならば、避けられない戦争に尻込みしていれば、敵を利するだけだということを熟知していたからである。ローマ人は、「時の恵みを静かに待つ」などという小賢《こざか》しさを嫌い、自分たちの力量と思慮に賭けた。そもそも時を待ったからといって、良いことだけがやってくるわけではない。時は、良いことも悪いことも、いずれもかまわず運んできてしまうのである、と（第三章）。

マキアヴェリが見習おうとした古代ローマでも、彼が生きた後期ルネサンス期のイタリアでも、紛争解決の手段として軍事力を行使する戦争は、国家の行為としてあまりにも当然とみなされた。その点で、現代とは状況が異なることは言うまでもない。ただし、戦争をめぐって彼が強調した決断力の重要性は、リーダーシップに関しても、リーダーが担うべき戦略の実行に関しても、そのまま現代に通じている。

決断力に乏しい優柔不断さやためらいは、マキアヴェリがフィレンツェ共和国の官僚として、しばしば体験し慨嘆したところであった。『ディスコルシ』の中で彼は述べている。「弱体の共和国はぐずぐずしていてなにごとも決めかねるものである」「弱体な国家が持つ一番悪い傾向は、決断力に乏しいということだ」「国家が弱体な場合、少しでも疑わしい点があると、その施策を断行する気力を失ってしまうからである」（第一巻第三八章）。

優柔不断さは、「慎重さ」を口実とした時間稼ぎ、時間の浪費につながり、決断の遅れを生じさせるばかりではない。それは、決定の曖昧さにも通じる。マキアヴェリによれば、「決断力のない君主は、当面の危機を回避しようとするあまり、多くのばあい中立の道を選ぶ。そして、おおかたの君主が滅んでいく」(第二一章)。この場合、「中立」とは、どっちつかずの曖昧な態度を意味し、敵対する国家同士のどちらも支援しないことによって、どちらとも友好的関係の保持あるいは少なくとも関係悪化の回避をねらうものだが、マキアヴェリはそれを逆効果であると指摘する。なぜならば、紛争終結後、勝利した側は、大事な時に援助してくれなかった国を信用するはずがないし、敗北した側も、自分たちと命運をともにしてくれなかった国を受け入れようとはしないからである。

「中立」は、一見慎重で、最もリスクの少ない安全策のように見える。しかし、マキアヴェリは、そうした安全策に異を唱える。リスクを冒さなければ、国益を守り目的を達成できないからである。「どこの国もいつも安全策ばかりとっていられるなどと、思ってはいけない。いやむしろ、つねにあぶない策でも選ばなくてはならないと、考えてほしい。物事の定めとして、一つの苦難を避ければ、あとはもうなんの苦難にも会わずにすむなどと、とてもそうはいかない」(第二一章)。

マキアヴェリの主張は、いわゆる世間の常識に反している。一般には、性急さを避け、慎重に振舞うことこそ、賢明なリーダーのあり方と見なされているからである。だが、彼はそれを知りつつ、あえて果断さをリーダーシップと戦略実行の鍵と論じたのであった。それは、彼の経験に裏打ちされていた。「私は物事をあいまいにしておくことが国家活動にとって害毒を流すものであり、我がフィレンツェ共和国に災厄と屈辱を与えてきたことを、幾度となく思い知らされてきた」(『ディスコルシ』第二巻第一五章)と彼は回想している。彼が仕えたフィレンツェの終身統領ピエロ・ソデリーニについて、「彼は、時は待ってくれるものではなく、善良な人柄だけでは足りないこと、運命は変化すること、邪悪な心にはどんな贈り物をしても、穏やかな気持にはならぬことをわきまえていなかったのである」(『ディスコルシ』第三巻第三〇章)と批判した。

ソデリーニは善良かつ穏健な指導者であった。決定に際しては性急さを避け、慎重さを追求した。かつて成功した穏便策がいつでも功を奏すると期待した。善意で接すれば、相手も善意で応じてくれると想定した。それが失敗のもとだったのだ、とマキアヴェリは厳しく断じた。危機あるいは非常時の指導者として、ソデリーニのような善人は不向きであり、善人であるがゆえに危機に際して果断な戦略決定ができなかったのである。

狐とライオン

『君主論』の中で、おそらく最もよく知られているのは、君主はライオンであると同時に狐でもあれ、と述べている部分だろう(第一八章)。マキアヴェリによれば、戦いに勝つには二種類の方策がある。その一つは法律によるものであり、もう一つは力によるものである。

前者は人間本来のものとされ、後者は獣のものとされている。言い換えれば、前者は信義やルールに則《のっと》った方策、後者はそれを無視した方策と見なされよう。マキアヴェリは次のように言う。多くの場合、前者の方策だけでは不十分で、後者の方策の助けを借りなくてはならず、「したがって、君主は、野獣と人間をたくみに使いわけることが肝心である」と。死活的な利益が関わる戦いは、ゲームやスポーツとは異なる。ときにはルールに囚《とら》われない方策を講じなければならない場合があり、そもそもルールなるものが、国際関係における国際法のように、必ずしも完璧ではない。

ときとして野獣にならなければならない君主は、特に、ライオンと狐に学ぶべきである、とマキアヴェリは述べる。ライオンは物理的な力そのものを意味し、狐は奸計《かんけい》を含む知恵を意味する。力だけでは「策略の罠《わな》から身を守れない」し、力がなければ、いかに知恵があっても、強力な相手に圧倒されてしまうからである。ここまでは、誰しも反論を加えようとはしないだろう。狐は「ずるさ」に通じているかもしれない。しかし、敵と戦う場合に、力だけでは不十分で、「ずるさ」を含む戦略・策略が必要であることには異論の余地がない。

興味深いのは、マキアヴェリがこのライオンと狐の比喩を、「君主たるもの、どう信義を守るべきか」と題する第一八章で使っていることであり、しかも、章の冒頭にその結論を次のように述べていることである。「君主にとって、信義を守り奸策を弄せず、公明正大に生きるのがどれほど称賛されるものかは、だれもが知っている。だが、現代の経験の教えるところでは、信義などほとんど気にかけず、奸策をめぐらして、人々の頭を混乱させた君主のほうが、むしろ大きな事業（戦争）をやりとげている」。

言い換えれば、「狐をたくみに使いこなした君主のほうが、好結果を得てきたのだ」ということになる。それは、フィレンツェ外交の実務に携わってきたマキアヴェリの実感でもあったのだろう。かくして、マキアヴェリの、いかにもマキアヴェリスティックな主張が展開される。「名君は、信義を守るのが自分に不利をまねくとき、あるいは、約束したときの動機が、すでになくなったときは、信義を守れるものではないし、守るべきものでもない。とはいえ、この教えは、人間がすべてよい人間ばかりであれば、間違っているといえよう。しかし、人間は邪悪なもので、あなたへの約束を忠実に守るものでもないから、あなたのほうも、他人に信義を守る必要はない」。

このような主張の背後にあったのは、彼の独特の人間観であった。マキアヴェリは、「すべての人間はよこしまなものであり、勝手気ままに振舞える時はいつなんどきでも、すぐさま本来の邪悪な性格を発揮するものだと考えておく必要がある」（『ディスコルシ』第一巻第三章）と言う。一見、これはいわゆる性悪説に見える。だが、彼の人間観はそれほど単純ではない。

マキアヴェリは以下のようにも述べている。「人はやむをえない状況から善人になっているわけで、そうでもなければ、きまってあなたにたいして、邪《よこしま》になるものだ」（第二三章）。「人間とは必要《ネチェシタ》に迫られない限り、善を行なわないものである〔……〕。そして、拘束が取り払われ、誰も彼もがやりたい放題にできるようになると、たちどころに諸事万端、混乱と無秩序で埋まってしまうこととなる。だから、飢えとか貧困が人間を勤勉へと駆り立て、法律が人間を善良にすると言われるのである」（『ディスコルシ』第一巻第三章）。「人間は、とことんまで陰険になり切ることもできなければ、また、そこぬけに善良になることもできないものである」（『ディスコルシ』第一巻第三〇章）。

マキアヴェリは、人間の邪悪さを認めながら、それが人間のすべてではなく、邪悪さを抑制することが可能であるとも見ていた。ただし、それを抑制するのは「法律」である。しかしながら、国際政治という闘争状況の下では、「法律」は貫徹せず、「混乱と無秩序」がはびこる。そこは本質的に「野獣」の世界である、とマキアヴェリは考えた。それゆえ、信義を守ることが不利なときは守る必要はない、と主張したのだろう。

しかも、マキアヴェリにとって、君主は国家の存続を何よりも優先しなければならなかった。「国を維持するためには、信義に反したり、慈悲にそむいたり、人間味を失ったり、宗教にそむく行為をも、たびたびやらねばならないことを、あなたには知っておいてほしい。

したがって、運命の風向きと、事態の変化の命じるがままに、変幻自在の心がまえをもつ必要がある。そして〔……〕なるべくならばよいことから離れずに、必要にせまられれば、悪にふみこんでいくことも心得ておかなければいけない」(第一八章)。「ひたすらに祖国の存否を賭して事を決する場合、それが正当であろうと、道に外れていようと、思いやりに溢れていようと、冷酷無残であろうと、また称讃に値しようと、破廉恥なことであろうと、一切そんなことを考慮に入れる必要はない」(『ディスコルシ』第三巻第四一章)。

運命の風向きが変わり必要に迫られたとき、君主は「悪」に踏み込むことを躊躇《ちゅうちょ》してはならないとするマキアヴェリは、冷徹なリアリストであった。と同時に、それは国家の存続のために、あるいはイタリア統一のためにそうせざるを得ないのだとする点には、マキアヴェリの熱い思いが込められていたとも言えよう。

愛されることと恐れられること

ライオンと狐の対比と並んで、『君主論』のテーゼで有名なのは、君主は愛されるよりも、恐れられたほうがよい、という指摘である(第一七章)。「人間は主要な二つのこと、つまり愛と恐怖心によって駆り立てられる。したがって愛される者も、恐れられる者も、同じように人民を服従させる。いやむしろ多くの場合、愛される者よりも、恐れられる者のほうに、人はついていき、服従する」(『ディスコルシ』第三巻第二一章)という論理に示されているように、この指摘は、君主と被治者との関係について述べたものである。

ただし、愛されるよりも恐れられるほうがよい、というテーゼは、国際関係にもあてはまる部分がある。マキアヴェリによれば、相手の偉大さや気高さに惹きつけられたわけではなく「値段で買いとられた友情」は、いざというときの当てにはならない。また、「人間は、恐れている人より、愛情をかけてくれる人を、容赦なく傷つけるものである」。というのは、「人間はもともと邪まなものであるから、ただ恩義の絆で結ばれた愛情などは、自分の利害のからむ機会がやってくれば、たちまち断ち切ってしまう」からである(第一七章)。経済援助によって確保された友好関係の限界についても、この指摘は言い得て妙である。いかに多額の経済援助を供与されようと、それを受けた国が供与国に対し、どんなときでも支持を与えるとは限らないことは、これまでの経験がわれわれに痛いほどはっきりと教えている。

ここでも、マキアヴェリの人間観はペシミスティックなまでに冷徹である。そうした人間観に基づいて、彼は、〝残酷さをりっぱに使う〟という方策を提示する。つまり、残酷さを最初に小出しにして、その後、次第に激しく行使するのは、下策である。これに対して、りっぱに使うとは、最初に必要なだけの残酷さを一気呵《か》成《せい》に実行してしまい、その後はそれを蒸し返さず、人心を安らかにし、恩恵を施して民心を摑《つか》むことである。「要するに、加害行為は、一気にやってしまわなくてはいけない。そうすることで、人にそれほど苦汁をなめさせなければ、それだけ人の憾《うら》みを買わずにすむ。これに引きかえ、恩恵は、よりよく人に味わってもらうように、小出しにやらなくてはいけない」とマキアヴェリは勧告する（第八章）。

「人間というものは、危害を加えられると信じた人から恩恵を受けると、恩恵を与えてくれた人にふつう以上に、恩義を感じるものだ」というのである（第九章）。

人間の性質あるいは人間心理を深く洞察したマキアヴェリの戦略の本領が、こうしたところにも示されている。

武力

マキアヴェリが、当時イタリアの軍事力の中核であった傭兵軍に対して否定的であったことはよく知られている。彼によれば、ローマ帝国崩壊の端緒も傭兵を使い出したことにあった（第一三章）。「イタリアの共和国は戦争を傭兵軍隊にまかせきりにしている上、戦争に関する事柄はさっぱりわかっていないくせに、他面では見事な指揮を執ることもできることを示そうとして、決定を下して、そのあげく数えきれぬほどの失敗を重ねているのが現状である」とも彼は述べている（『ディスコルシ』第三巻第一〇章）。

傭兵軍ではない自前の軍隊こそ、マキアヴェリにとって、国家の基礎であった。「すべての国の重要な土台となるのは、よい法律としっかりした武力である。しっかりした軍隊をもたないところ、よい法律が生まれようがなく、しっかりした軍隊があってはじめて、よい法律がありうる」（第一二章）。良き法律は社会の安寧秩序と自由を保障し、その法律を軍事力が支える。まさに安全保障の基本的な考え方にほかならない。

このような安全保障を図るため、君主に対してマキアヴェリは次のように要請する。「君主は、戦いと軍事上の制度や訓練のこと以外に、いかなる目的も、いかなる関心事ももってはいけないし、またほかの職務に励んでもいけない。つまり、このことが、為政者がほんらいたずさわる唯一の職責である」「君主は、かたときも軍事上の訓練を念頭から離してはならない。そして、平時においても、戦時をもしのぐ訓練をしなければいけない」（第一四章）。

精強な軍隊をつくり、日々の訓練によってその練度を維持・向上させなければならない。それが、君主（国家リーダー）の第一の職務だ、とマキアヴェリは言うのである。彼が生きた時代のイタリアでは共和国や教皇を含む群雄が割拠し、それぞれの内訌《ないこう》と外患がこんがらがって錯雑とした状況を呈し、軍事紛争が絶え間なく繰り返された。そうしたなかでマキアヴェリは、周辺大国によってイタリアが呑み込まれてしまうのではないかという危機意識をもって、『君主論』を著した。君主はかたときも軍事上の訓練を忘れてはならない、という彼の忠告は、したがって、当時の特殊な時代背景のもとでなされたものである。ただし、その忠告、つまり安全保障が国家のリーダーの最も重要な任務であるというマキアヴェリの指摘は、すべての時代に通じる普遍的な真理と言っても過言ではあるまい。

マキアヴェリは、短期戦が望ましいことは述べたが、例えば殲滅《せんめつ》戦略や持久戦略のような、具体的な戦略論を展開したわけではない。彼が論じたのは、戦略を策定し実行すべき君主（国家リーダー）のあり方であった。そして、『君主論』の、政治的リアリズムに徹した国家リーダーこそ、近代戦略論の出発点なのであった。

■テキスト

『新訳　君主論』池田廉訳、中公文庫、二〇〇二年

■マキアヴェリの言葉

どちらか一つを捨ててやっていくとすれば、愛されるより恐れられるほうが、はるかに安全である。というのは、一般に人間についてこういえるからである。そもそも人間は、恩知らずで、むら気で、猫かぶりの偽善者で、身の危険をふりはらおうとし、欲得には目がないものだと。

（第一七章）

君主は、野獣の気性を、適切に学ぶ必要があるのだが、このばあい、野獣のなかでも、狐とライオンに学ぶようにしなければならない。理由は、ライオンは策略の罠から身を守れないし、狐は狼から身を守れないからである。罠を見抜くという意味では、狐でなくてはならないし、狼どものどぎもを抜くという面では、ライオンでなければならない。（第一八章）

*

どこの国もいつも安全策ばかりとっていられるなどと、思ってはいけない。いやむしろ、つねにあぶない策でも選ばなくてはならないと、考えてほしい。物事の定めとして、一つの苦難を避ければ、あとはもうなんの苦難にも会わずにすむなどと、とてもそうはいかない。思慮の深さとは、いろいろの難題の性質を察知すること、しかもいちばん害の少ないものを、上策として選ぶことをさす。（第二一章）

戸部良一

3 クラウゼヴィッツ『戦争論』（一八三二年）

戦争とは何か

カール・フォン・クラウゼヴィッツ（Carl von Clausewitz, 1780〜1831）は、フランス革命とナポレオンによる戦争の変革の時代に生きた一人のプロイセンの将校であり、その変化を最も深く考察した人物である。クラウゼヴィッツは、ナポレオン戦争が終わったあとで大著の『戦争論』（*Vom Kriege*）を書いた。『戦争論』は、戦争という きわめて複雑な政治的・社会的現象を深く分析し、理論的に、かつ、体系的に説明した偉大な古典である。戦争や戦略について考える場合には、まず「戦争とは何か」や「戦争とはどういう現象なのか」という戦争の概念を規定しなければならない。クラウゼヴィッツは、才能と努力をもって戦争の本質の解明に取り組み、初めて戦争を明確に定義することに成功した。そして、後世の多くの人々がこの問題と取り組んだが、誰も彼を超えることはなかった。すなわち、『戦争論』は、現代においても、戦争や戦略を考える場合の基本になる著作なのである。

今日、戦争の姿は、クラウゼヴィッツの時代とは大きく異なっている。したがって、彼の所説も、もはや現代には当てはまらないと考えがちである。戦争は、他のいかなる人間の活動とも異なる独特な活動である。クラウゼヴィッツは、第二編第一章で「戦争の本来的な意義は、闘争である。〔……〕闘争の必要上、人類は古代から特有な発明を行い、闘争を有利にする方法を求めてきた。〔……〕しかし、闘争がいかなる外見をもつとしても、この発明によって、闘争の概念まで変えられることはない。そして、この概念が戦争の本質をなすものである」と述べている。時代が変わり、そのものの外見がいかに変化しようとも、ほとんど変化しない本質的な概念や命題は存在する。われわれは、『戦争論』の中にそれを見出すのである。

戦争とは何かについて、『戦争論』では、まず「戦争とは、相手にわが意志を強要するために行う力の行使である」と定義され、次に暴力を行使する目的を考慮した場合、戦争は、「他の手段をもってする政治的交渉の遂行である」と定義される。

たとえば、ある二つの集団の間に利害の対立があり、どちらか一方がその解決のために暴力を行使し、もう一方もこれに対して暴力を行使する状態は、クラウゼヴィッツの定義する「戦争」にほかならない。いずれの側も、「他の手段」すなわち通常の交渉の代わりに暴力を行使するのである。暴力を行使するのは、政治的な目的を達成するためである。そして、重大な利害の対立に際して、このような流血の手段以外には解決できないと考える当事者は多い。そして、クラウゼヴィッツは基本的には伝統的な国家間の戦争をイメージしていたであろうが、国家や国家以外の集団の間にも、このような関係は生じ得る。したがって、現代の戦争や紛争、あるいはゲリラやテロ活動についても、これを理解し、正しく対応するために、『戦争論』は大いに役立つであろう。

「序文」と「二つの覚書」――『戦争論』の概要（1）

マリー・フォン・クラウゼヴィッツは、夫の死後まもない一八三二年からクラウゼヴィッツが遺した戦争理論と戦史に関する原稿を編集し、『戦争及び戦争指導に関するカール・フォン・クラウゼヴィッツ将軍の遺稿』一〇巻を出版した。その第一巻から第三巻が、今日『戦争論』として知られているものである。

マリー夫人がみずから記した序文には、『戦争論』の発生史とその最終的な構成に関する著者の意図が現れている。これによれば、クラウゼヴィッツが『戦争論』の著作に本格的に着手したのは、一八一六年にコブレンツに赴任してからである。夫人の序文に引用されているこのころ書かれたクラウゼヴィッツの手記には、『戦争論』の著作に託した著者の意欲や著述の過程における構想の変化が示されている。クラウゼヴィッツは、一八一八年にベルリンの一般士官学校長に任命されたが、この職務は将軍の職務としては名目上の管理職にすぎなかったので、それから一八三〇年に砲兵監に転出するまでの一二年間は、『戦争論』の著作にほぼ完全に専念することができた。

「覚書・その一」によれば、クラウゼヴィッツは、一八二七年までに『戦争論』八編のうち最初の六編を書き、第七編と第八編の草稿を完成させた。しかし、彼は、これまでの原稿では政治と戦争の関係が十分明らかにされていないことに気がついた。彼は、この覚書の中で、『戦争論』を大幅に書き直す必要性を述べている。彼は、一八三一年にコレラで急逝しているので、いわば晩年において大きな危機に直面したことになる。

クラウゼヴィッツは、敵を完全に撃破する理念上の「絶対戦争」と、少しの利益を求めて中途半端な形で行われる「現実の戦争」という二種類の戦争を対比することによって戦争を定義している。そして、彼は、この二種類の戦争という観点と、「戦争は他の手段をもってする政策の継続にすぎない」ということが明確かつ厳密に確立される必要性を認めた。修正を始める前に、この考えを確かめるために、ナポレオンのイタリア戦役とワーテルローの戦いの戦史を書いているので、一八三〇年までにわずかな章しか改訂されていない。この意味で、『戦争論』は決して完成されたものではなく、各部分はさまざまな段階の完成度のままに残されている。

「覚書・その二」は、最晩年に書かれたものであろう。マリー夫人の序文とこの覚書には、生前に『戦争論』を出版する意志がなかったことが示唆されている。しかし、『戦争論』は、多くの読者を想定して書かれているのは明らかである。ピーター・パレット（Peter Paret）は、このことについて、クラウゼヴィッツは出版を意図してはいたが、一八二〇年代の半ば以降、『戦争論』の徹底的な推敲の必要性を痛感していたために、出版にいたらなかっただけであるとしている。

本文の構成――『戦争論』の概要（2）

第一編「戦争の本質について」では、社会や政治との関係において戦争を定義するとともに、戦争の目的と手段や軍事的天才の概念、さらに戦争の遂行に常に伴う要素である危険、肉体的・精神的労苦、あるいはクラウゼヴィッツが「摩擦」という概念にまとめた戦争における妨害要素が明らかにされている。「覚書・その二」の中で、クラウゼヴィッツは、『戦争論』の中で完全と考えているのは第一編第一章だけであると書いている。第一編第一章「戦争とは何か」には、『戦争論』の中心的な命題がすべて取り上げられており、全体の出発点といえる。また、この章は、戦争の本質の理解にとって非常に重要である。

第二編「戦争の理論について」には、戦争に関する理論の可能性と限界、さらには分析のための前提条件が描かれている。また、「戦略」と「戦術」のそれぞれの定義が行われている。この章に示されている考察は、安全保障や防衛の問題と他の分野の関係などに及んでいるので、現代においても価値が高い。

第三編「戦略一般」には、戦略論が書かれており、単に戦略において対象とされる戦力、時間、空間についてばかりでなく、クラウゼヴィッツが「戦争で働く要素」として強調した心理的要素がさらに詳細に述べられている。

第四編「戦闘」では、戦争における本来の行動である戦闘が論じられ、戦争という全体と個々の戦闘の関係が明らかにされている。そして、第五編「戦闘力」、第六編「防御」と第七編「攻撃」の三つの編では、最も一般的な軍事問題が取り上げられている。この部分は量的に『戦争論』の中で最も多いが、現代の戦闘はクラウゼヴィッツの時代とは大きく異なっているので、記述の重要性は低下している。

第八編「戦争計画」では、再び第一編の最重要テーマが取り上げられ、実際に戦争を計画する中で、戦争の政治的性格や政治と戦争・軍事との関係が具体的に分析されている。『戦争論』では、第一編第一章で全体を概観し、次いで戦争の本質、理論の目的と困難性へと進んでゆくというように、主なテーマが論理的に配列されている。そして、最後の第八編「戦争計画」で、戦争の政治的・軍事的指導のあり方を分析することによって、戦争が社会的・政治的な相互関係の中により完全に結合されている。

『戦争論』の時代背景

クラウゼヴィッツの生きた時代には、戦争や戦略における革命的な変化が起こり、それ以降現代にいたるまでその社会的・政治的な環境は基本的に変化していない。フランス革命によって、近代市民社会が登場し、徴兵制度が導入され、国民のエネルギーを戦争に無制限に投入することが可能になったのである。そして、戦争は、それまでの王朝時代の制限戦争から、敵国の完全な打倒をめざす絶対戦争へと変化した。

ナポレオンは、一六世紀から進展していた軍事革命の成果を活用するとともに、量的には無制限で、質的にも革命の理想に燃えた大規模な国民軍と、彼自身の軍事的な天才によってほとんど全ヨーロッパを占領した。しかし、ナポレオンによって征服された各国でフランス革命と同様の改革が進められ、ついにナポレオンは打倒された。ナポレオン戦争は、各国の政治・社会・軍事の各分野に大きな影響を与えた。政治・社会面では、フランス革命の掲げた自由主義・民主主義の理念が各国に普及し、民族主義が高揚して近代国民国家の成立への契機となった。また、軍事面では、徴兵制度が各国に導入されるとともに、動員や予備役の制度も確立された。

プロイセンは、一八〇六年、イエナ・アウエルシュタットの戦いで大敗し、その結果ナポレオンによって国土が占領され、兵力は四万二〇〇〇人に制限された。このような中で、シャルンホルストやグナイゼナウによる軍事改革が密かに進められ、少数の現役と予備又は後備の制度が確立された。このようにして、プロイセンは、一八一三〜一四年の解放戦争を通じてナポレオンの打倒に再び立ち上がり、一八一五年のワーテルローの戦いでは、ウエリントンの指揮下でナポレオンの最終的な敗北に貢献した。

クラウゼヴィッツは、一七九三年、一三歳の時にフランス革命戦争初期のライン戦役で初陣を経験している。彼は、一八〇六年のイエナ・アウエルシュタットの戦いでは、騎兵大隊長だったアウグスト親王の副官としてフランス軍の捕虜となり、親王とともに一時フランスに抑留された。帰国してからは、一八〇八年に「プロイセン軍改革委員会」の一員となり、シャルンホルストの下でプロイセンの軍事改革に奔走した。また、このころ、皇太子に対する軍事学の進講を命ぜられている。

一八一二年、普仏同盟条約が結ばれ、プロイセンがナポレオンのロシア遠征に参加することが決まると、クラウゼヴィッツはこれに反対し、約三〇人の同志とともにプロイセン軍を辞職してロシア軍に入り、ナポレオンと戦う道を選んだ。彼は、国王に対する伝統的な忠誠の代わりに、みずからの良心に忠実な方をとったわけである。しかし、この国王に対する明白な反抗の思想が災いし、クラウゼヴィッツはその後宮廷から冷遇され続ける。ロシア軍からプロイセン軍への復帰もなかなか許可されなかったが、一八一四年にプロイセン軍に復帰し、ブリュッヘル将軍の参謀としてナポレオンを打倒する最後の戦争で活躍した。

ナポレオン戦争の余波が収まった一八一八年に、クラウゼヴィッツは少将に昇任し、ベルリンの一般士官学校の校長に任命されたが、前述のようにこれは名目上の管理職にすぎず、この機会に『戦争論』の本格的な執筆を行った。

一八三〇年、彼はみずから願い出て学校長を辞任し、ブレスラウ（現ポーランド、ウロツワフ）の第二砲兵監となった。その年、ポーランドに革命が起きると、国境を警備するためにグナイゼナウを司令官とする国境監視軍が編成され、彼はその参謀長となった。革命は国境まで及ばなかったが、代わりにコレラが蔓延《まんえん》し、まずグナイゼナウがその犠牲となり、次いでクラウゼヴィッツがこれに感染し、一八三一年、五一歳で亡くなった。遺体は、ブレスラウの陸軍墓地に埋葬された。

三つの主要な命題

クラウゼヴィッツは、「絶対戦争」と「現実の戦争」という二種類の戦争を対比させて戦争を分析している。これが第一の命題である。このことは、『戦争論』における弁証法の適用の一例である。弁証法は、彼と同時代のドイツの哲学者ヘーゲルが唱えた認識の方法である。

また、彼は戦争を定義して「戦争は他の手段をもってする政策の継続にすぎない」と述べている。この定義によれば、戦争とは政治的目的を達成するための一つの手段にすぎず、政治と戦争は、「全体」と「部分」あるいは「目的」と「手段」の関係にある。つまり、戦争は、決して独立した存在ではなく、常に政治に従属するものなのである。しかしながら、戦争が人間活動の中でも重大かつ特異な事象であるため、戦争そのものの論理、すなわち戦争に勝利することだけが重視されがちである。その結果、戦争の本来の目的が忘れ去られ、戦争の規模が際限なく拡大してしまう。

彼は、『戦争論』の第一編第一章「戦争とは何か」で、戦争遂行にあたって戦争の本来の目的を中心に据えるべきことを強調している。クラウゼヴィッツがいうように、「戦争は政治的目的から発生するということを考えるならば、戦争指導に当たってこの最初の動機に最高の考慮をおく」のは当然なのである。さらに、第八編「戦争計画」では、政治と戦争のあるべき関係が具体的に述べられている。その中で、彼は「戦争における重大な事象の判断や計画の作成を純粋に軍事的な判断に任せるべきであるという主張は、許し難い、それ自体危険な考え方である」と述べている。

戦争を政治の合理的な統制下におくことは非常に重要な原則であるが、これまでしばしば無視され、悲劇が繰り返されてきた。クラウゼヴィッツのこのような主張は、現代の文民統制（シヴィリアン・コントロール）の原点でもある。

『戦争論』の全体を通して見られる第二の主要な命題は、「戦争は三つの要素からなるという主張である。クラウゼヴィッツは、第一編第一章の結論で、「戦争はまた、戦争の全体像から見て、戦争における支配的な傾向に関して独特な三位一体をなしている」と述べている。すなわち、①憎悪や敵意を伴う本来的な暴力行為、②確からしさや偶然性といった賭けの要素、③政策のための手段としての従属的性格である。彼は、この三つの要素をそれぞれ国民、将軍と軍隊、政府に割り当てている。これらの要素は、次のような役割を果たしている。

①戦争においては、国民の燃え上がる激情や、戦争に対する世論の支持がなければならない。また、戦争はこれらの要素によって激烈さを増大させる。②不確実性、偶然性など賭けの要素を多分に含む戦争においては、将軍とその軍隊の勇気や才能が重要である。これらの要素によって、戦争は自由な精神活動になり、その成否は結果として明確に現れる。③達成すべき政治的目的は、政府のみに属している。

この三つの要素が一体となって、はじめて戦争において政治的目的が達成できる。これが、クラウゼヴィッツのいう三位一体論である。たとえば、いかに精強な軍隊と有能な将軍、そして具体的に達成すべき政治的目的を持っていたとしても、国民の広範な支持がなければその政治的目的は達成できないのである。

クラウゼヴィッツがそれまでの理論家と異なるのは、理論上の主要な構成要素として精神的な力や心理を取り入れたことである（第三の命題）。しかし、クラウゼヴィッツが第二編「戦争の理論について」で述べているように、精神的な要素を考慮するや否や、理論は大きな困難に直面する。その結果、誰もが、あまりにも無秩序な戦争における諸事象は、科学的分析の対象とはならないという結論を出した。しかし、クラウゼヴィッツは、戦争の研究のまさに中心に精神的な力の分析を置くという重大な一歩をしるした。そして、これを可能にしたのが、「天才」や「摩擦」の概念の適用である。

クラウゼヴィッツは、指揮官に必要とされる知的・心理的要素を識別し、解釈するために「天才」という概念を用いた。彼は、戦争をとりまく環境の中で確実にかつ効果的に前進するためには、情意と知性の大きな力を必要とすると述べて、実行力、堅固さ、不屈、情意や性格の強さを将軍に必要な資質として挙げている。これらの要素は、ほとんどが精神的要素からなる。これらは、あらゆる人間が潜在的に持っている意志と行動の自由の根源であり、その理想的な姿を「天才」の概念によって統一的に把握することを助けている。

摩擦は、軍事行動における不確実性、過失、偶発事件、技術的困難性や予測不能を指し、またそれぞれが指揮官の決定、部隊の指揮や行動に及ぼす影響を意味している。クラウゼヴィッツは、第一編第一章「戦争の本質について」において、危険、肉体的労苦、情報を挙げ、これらは戦争の雰囲気の中に存在し、すべての活動を阻害する要素であるとしている。そして、これらのすべては、その妨害作用によって、一般的に摩擦という総称的な概念のもとに再び包括される。クラウゼヴィッツは、「摩擦」を「戦争における行動は、重たい媒体のなかでの運動のようなものである。もっとも自然でまたもっとも単純な運動、例えば単なる歩行でも、水中では軽やかにかつ正確に行うことはできない」と述べている。摩擦は、知的・情熱的エネルギーを創造的に用いることによって対処しない限り、戦争を支配しかねない。しかし、少なくともある程度までは、知性と強い精神力によって摩擦を克服することができる。それが、「天才」の概念なのである。

『戦争論』の誤解と核兵器

クラウゼヴィッツは、ナポレオン戦争によってもたらされた国民を総動員する戦争の変革に衝撃を受け、それが動機となって『戦争論』を執筆した。そして、クラウゼヴィッツが『戦争論』の部分的な修正しか果たせずに死んでしまったため、ナポレオン的な「絶対戦争」の部分がそのまま残されてしまった。これが、クラウゼヴィッツが『戦争論』の修正を意図した理由であるが、後世の、特にモルトケ(Helmuth von Moltke)やシュリーフェン(Alfred von Schlieffen)のようなドイツの軍人たちは、敵の軍隊を戦場において完全に撃滅することによって有利な条件で相手に講和を強要するという殲滅《せんめつ》戦思想のゆえに『戦争論』を称賛したのである。

ヨーロッパでは、ナポレオン戦争以降平和な時代が続いたが、モルトケ参謀総長の下でのドイツ統一戦争の結果、ヨーロッパに新たな国民国家が誕生した。ドイツ統一戦争は、最もクラウゼヴィッツ的な、少ないコストで大きな利益が得られた戦争であると考えられた。そして、ドイツ統一戦争や日露戦争を通じて、戦争は国家の発展や繁栄に寄与する有効な手段であると広く認められるようになった。一九一三年にシュリーフェン参謀総長は亡くなったが、ドイツは実質的に彼の計画で第一次世界大戦を戦うことになった。

第一次世界大戦は、各国が保有する人的・物的資源を総動員して戦う歴史上初めての国家総力戦だった。産業革命後の工業化の進展によって、砲弾などの大量生産が可能になった。戦争を支える生産活動には女性や未成年者が動員され、しかも、配給制度などの経済統制が行われ、国家の保有する資源が際限なく戦争に注ぎ込まれた。このような総力戦では、最終的に保有する資源が枯渇するまで戦争は続けられ、必然的に長期戦になって国家は崩壊にいたる。『戦争論』の主張とはまったく反対に、政治的目的の価値以上に被害が甚大であるにもかかわらず、両陣営とも軍事的勝利を追求した結果である。

第二次世界大戦では、第一次世界大戦で初めて登場した戦車や航空機などがさらに発達し、この大戦を決定づけるようになった。科学技術の進歩は、戦争における破壊力や作戦の規模を飛躍的に増大させた半面、大量の死傷者や破壊をもたらした。第二次世界大戦は、クラウゼヴィッツが述べる「絶対戦争」の姿に限りなく近いように見える。戦争において敵の完全な打倒が最も重視されれば、暴力がその極限まで行使される絶対戦争に到達するのである。

核兵器は、人類が戦争における破壊力の増大を追求した結果生み出されたものである。クラウゼヴィッツは、戦争とは「わが意志を相手に強要するために行う力の行使である」と定義し、この力は「技術と科学を創意工夫して準備される」と述べている。この意味で、核兵器の使用は相手を屈服させてわが意志を強要するための最高の「力の行使」といえるであろう。ところが、相互に核兵器を使用する戦争は、戦争によって得られるいかなる利益も上回る破壊をもたらすので、政治目的の達成には寄与しないのである。

したがって、クラウゼヴィッツの戦争理論からすれば、核戦争（絶対戦争）は無意味であり、政治によって回避されなければならないものとなる。このことから、人々は『戦争論』を政治による戦争の制限を強調する理論として注目するようになったのである。

クラウゼヴィッツ・ルネッサンス

第二次世界大戦後は、大戦末期に登場した核兵器に関心が集中したため、核戦略に関する理論が議論の中心となり、『戦争論』のような戦争の本質に対する関心は低かった。しかし、前述のように、核戦略の中にも、戦争と政治の関係というクラウゼヴィッツの中心的な命題は生きているのである。また、核戦力が抑止力として存在していても、通常戦争や地域紛争は引き続き発生した。そして、朝鮮戦争やベトナム戦争では、政治と軍事の対立や、戦争における政府、軍隊と社会の相互関係などが問題になり、人々は再び『戦争論』に注目するようになった。

一九七〇年代の後半には、あいついでクラウゼヴィッツに関する著作が出版され、クラウゼヴィッツ・ルネッサンスともいうべき状況が生まれた。フランスの社会学者レイモン・アロン（Raymond Aron）は、『戦争を考える――クラウゼヴィッツと現代の戦略』を著し、それまで出版されていたクラウゼヴィッツに関する論文のすべてに目を通し、改めて『戦争論』を高く評価した。また、米国のスタンフォード大学教授のピーター・パレットは『クラウゼヴィッツと国家』を出版し、広範なクラウゼヴィッツ研究の成果を世に送り出した。この著作は、クラウゼヴィッツの戦争理論が生み出された時代背景や彼の生い立ちに焦点を当てて解説したもので、難解な理論をより親しみやすいものにしている。

一九七六年、ピーター・パレットとオックスフォード大学教授のマイケル・ハワードの共編・共訳による英語版の『戦争論』が出版され、一九八四年にはペーパーバックとなって広く普及した。これは、すばらしい英訳で非常に読みやすい。このように、『戦争論』やクラウゼヴィッツに関する研究が進み、出版物として世の中に普及することで、『戦争論』は人々に正しく理解されるようになったのである。

冷戦が終結した現在、これまで抑えつけられていたさまざまな利害の対立が表面化し、世界はより混沌としている。二度にわたる大戦をへて国連という集団安全保障体制ができたが、国際的なテロ活動や「ならず者国家」にたいして国連が有効に機能を発揮するとは必ずしもいえない。このようなことから、「戦争とは何か」やその防止について改めて関心が集まっている。

『戦争論』の中にも、このような問題に対する解決策は示されていない。クラウゼヴィッツは、戦争が「武力による決定」であるという冷厳な事実を指摘しただけであって、問題の解決法までは提示していないのである。右に進むべきか、左に進むべきかという困難な問題に対応し、解決に導くのはあくまで現代を生きるわれわれである。そして、戦争の本質と取り組んだ『戦争論』は、問題解決に際して、人々にそのための手がかりを与えてくれるであろう。

■テキスト
『戦争論（レクラム版）』日本クラウゼヴィッツ学会訳、芙蓉書房出版、二〇〇一年

■クラウゼヴィッツの言葉

戦争は政治的目的から発生するということを考えるならば、戦争の指導に当たって、戦争に生命を呼びおこしたこの最初の動機に、第一の、しかも最高の考慮を置くのは当然である。

（第一編第一章）

＊

戦争は、明らかにそれ自身の文法を持っているが、それ自身の論理は持っていない。

（第八編第六章B）

川村康之

4 マハン『海上権力史論』（一八九〇年）

時代に関係なく存在価値を持っているのが古典であるが、その成立にあたっては、時代背景と著者の個性、経歴が大きく影響している。『海上権力史論』も例外でない。

時代背景としては、「七つの海の支配者」、「日の没する所なし」と豪語した大英帝国の絶頂期に陰りが誰の目にもはっきりし始め、米国に関して言えば、工業生産高が世界一となるとともに、国内のフロンティアが消滅して、太平洋に向かって進む海のフロンティア時代が始まる一九世紀後半に『海上権力史論』は出版された。ドイツのヴィルヘルム二世が海外進出に野心を抱き始めたのもこの頃であり、日本も対清国、ロシアに備えて海軍増強が必須事項の時代であった。

『海上権力史論』の解説にあたっては、（1）著者の略歴と執筆に至った経緯、（2）本書内容の要約、（3）本書が海軍列強にどのような影響を世界的に与えたのか、の三点について述べる。

幕末日本への派遣

著者アルフレッド・セイヤー・マハン（Alfred Thayer Mahan, 1840～1914）は一八四〇年、ニューヨーク市北郊にあるウエストポイント所在の陸軍士官学校官舎で生まれた。父デニスはアイルランド移民の二世として生まれ、陸軍士官学校を首席で卒業、時のセイヤー校長に認められ、フランスに留学。帰国後は母校の数学、土木工学の教授となり、戦略・戦術の特別講義も担当した。南北戦争時の将軍の多くはデニスの教え子であり、これがマハンの終生の誇りだった。

頭脳抜群ではあるが、陸軍軍人というより狷介《けんかい》孤高の学者肌のデニスは、生涯ウエストポイントで教官として過ごした。マハンは、少年時代に海洋冒険小説を読みふけり、メリーランド州アナポリスに所在する海軍兵学校を希望した。父は、「お前は軍人に向いていない。牧師とか弁護士といった知的職業が良いのでは」と勧めたものの、最終的には許してくれた。後にマハンは「海軍に入ったことに後悔はしていないが、父の言ったことは正しかったと思う」と自叙伝に書く。海軍兵学校を卒業席次二番で卒業するほどの頭脳の冴えは見せたものの、自らの頭の良さを誇り、級友からは反発される狷介な性格で、これは生涯変わらなかった。卒業してすぐに、南北戦争が勃発した。主要な海戦に参加する機会はなかった。

二六歳のマハン少佐に一つの転機をもたらしたのは、イロコイ号副長として、開国したばかりの幕末混乱期の日本に派遣され、往路、帰路の計二回、帝国主義外交が渦巻く海洋の世界一周をしたことであった。当時の国際外交は「砲艦外交」とも呼ばれ、軍艦は本国政府の意向を代表する外交の尖兵であった。現代でもそうだが、通信に長時間を要した当時は特にそうで、軍艦は大使館や領事館と同様な機能を期待され、艦長は外交官や情報蒐集の役割を担っていた。

明治維新直前の日本で二年間、長崎、兵庫、新潟、箱館、横浜と巡航し、星条旗を翻して米人の生命・財産保護の任にあたり、日本の政治情勢や風習を観察した。鳥羽伏見の戦いに敗れた徳川慶喜《よしのぶ》が深夜少数の近従とともに大坂城を抜け出し、幕府艦開陽丸《かいようまる》に逃れんとし、濃霧の中で見つからず、付近の米艦に助けを求め一夜を過ごした。この米艦がマハン少佐が副長のイロコイ号であった。

思想の根底にある海上勤務の体験

帰路は商船の船客として、開通したばかりのスエズ運河を通った。香港、シンガポール、インド、アラビア半島は二度目だが、往路は南米各地、南アフリカのケープタウン、帰路は地中海を通ってナポレオンの生まれたコルシカ島沖を航行し、マルセイユに着いた。海上交通の要衝のいずれの地にも、英国国旗が翻り、赤い軍服の英国陸軍兵が駐在していた。世界の海を支配している大英帝国の繁栄を実感した。

帰国後は南米ウルグアイの首都モンテビデオを根拠地とするワスプ号艦長。アルゼンチン、ブラジル、ウルグアイの抗争・対立を目の当たりにした。その後、ボストン海軍工廠《こうしょう》、アナポリス教官、ニューヨーク海軍工廠を経て、南米ペルーのカヤオ駐在のワッチュセット号艦長。中南米では革命騒ぎや戦争が日常茶飯事だ。その都度駆けつけ米人の保護にあたる。パナマ運河は開削中だった。このような海上勤務の体験がマハン思想の根底にあることを知るべきである。

ワッチュセット号艦長時代、ペルーの首都リマの英人クラブの小さな図書館でドイツ人古代史研究家テオドール・モムゼンの『ローマ史』を読み、大きなインスピレーションを受けた。ローマとカルタゴの間には三回に亘る戦役（ポエニ戦役）があったが、第二次ポエニ戦役（紀元前二一八〜二〇一）では、勇将ハンニバル率いる象部隊を含むカルタゴ軍はスペインからピレネー山脈を越え、大河を筏《いかだ》で渡河し、地元蕃族の襲撃を迎え撃ちつつ、アルプス越えをし、イタリアに攻め込んだ。ローマの城壁近くまで迫ったが、落とせず、一七年間も戦って遂に勝てなかった。

その原因は、モムゼンは書いていないのだが、地中海西部の制海権をローマが握っていたからではないのか。カルタゴが地中海西部の制海権を持っていたならば、陸路はるばるピレネー越えなどすることなく、兵力を失うこともなくローマ近辺の港に上陸でき、食糧の補給に苦しむこともなく、短時間の内に、ローマに城下の誓いをさせていただろう。従来の歴史家は海に疎く、戦争勝敗の原因追求に関して、海上権力事項《シーパワー》に冷淡なのではないか。この考えが後日『海上権力史論』を書く原因となった。

海軍大学校での「海軍史」講義

北大西洋艦隊司令官シュテファン・ルース少将の見識と実行力で米国海軍大学校が一八八四年一〇月に開校する。

初代校長に予定されたルース少将は、教官の人選に苦労した。ルースはかつて海軍兵学校の夏季航海でマケドニア号の艦長だったことがある。この時、副長はマハンだった。マハンが学究肌の船乗りであることをルースは知っており、彼が最近南北戦争に関する論文を書いて好評だったのにも関心があった。ワッチュセット号艦長でカヤオに駐在していたマハンにルースは海軍大学校教官にならないかと意向を尋ねた。中南米から早く帰国したい一心だったマハンは了承と伝える。帰国すると、海軍省、海軍大学校、ニューヨーク市立図書館などから関連文献を借覧して講義原稿を執筆した。執筆にあたっては、歴史における各時点や各時代ごとの史実を比較考量することによって、歴史に流れている原理を発見できると考え、種々の資料から史実を抜き出し、歴史に与えたシーパワーの大きな役割を主テーマとして分析しようとした。

この講義録により、マハンは海軍大学校で「海軍史」を講義し、これを基にして出版されたのが、『海上権力史論』である。

一八八六年、大佐に進級したばかりのマハンはルース少将に次いで二代目の校長としてニューポートの海軍大学校に赴任した。

三年弱で校長から退き、北太平洋海軍基地委員会の委員となり、ワシントン州に出張した。帰ってからは、「海軍史」の講義録を出版するための会社を探し始める。多くの出版社は、いい仕事だと認めながらも出版を断ってきた。内容が高級で売れないと考えたのだ。紆余曲折はあったが、ボストンのリトル・ブラウン社が出版してくれることとなった。一八九〇年五月『海上権力史論』が一冊四ドルで発売された。当時の工員の日給が一ドルくらいだったから、普通の人には手の届かぬ本であった。

以上が、『海上権力史論』が出版されるまでの、マハンの半生と出版に至る経緯である。

その後、再び海大校長を一年間務めた後は、欧州派遣艦隊旗艦シカゴ号の艦長、海大特別任務などに就き、一八九六年に五六歳で退役。退役後は『ネルソン伝』や『太平洋海権論』などを出版し、多くの時事論文も新聞、雑誌で発表し、米国史学協会会長にもなった。日本人移民排斥を強く主張する黄禍《こうか》論の論客として、世論をリードしようとした。米国内に広がった日系人移民排斥運動は日本人を憤激させ、太平洋戦争の大きな原因となった。

日本海軍は、一八九九年から三ヵ年の期限でマハン大佐を海軍大学校に戦術教官として招《しょう》聘《へい》しようとしたこともある。高給をはずんだが実現しなかった。

一九〇六年、議会は南北戦争に参戦した退役軍人の階級昇進を認め、マハンは退役海軍少将となる。第一次世界大戦が始まった年の一九一四年一二月に死去。享年七四。

『海上権力史論』の構成

原題は *The Influence of Sea Power upon History, 1660-1783*。邦訳は何点かあるが、ここでは北村謙一訳の『海上権力史論』を使用する。

本書の構成は以下のとおり。日本語訳で三〇〇ページを超える分量の著書である。まず、訳者序、著者序の後に緒論があり、続いて次のような第一章から第八章で構成されている。

第一章　シーパワーの要素

第二章　一六六〇年のヨーロッパ情勢と第二次英蘭戦争
第三章　英仏同盟の対オランダ戦争とフランスの対欧州連合戦争
第四章　イギリスの革命とアウグスブルグ同盟戦争
第五章　イギリスとフランス、スペインの戦争とオーストリア王位継承戦争
第六章　七年戦争
第七章　北アメリカ及び西インド諸島における海上戦争
第八章　一七七八年の海洋戦争の論評

構成からわかるように、第二章から第八章までは一七世紀中葉から一八世紀後半に至る英、蘭、仏、西といった欧州列強の海上権力をめぐる、覇権抗争を分析したもの。この抗争史から抽出された原理とも言えるものをまとめたのが著者序、緒論であり、第一章である。本書の解説に関して、第二章から第八章までは一七世紀、一八世紀の欧州事情に特別関心のある人以外には、煩わしいと思われるし、紙数の関係もあり、本書のエッセンスとも言える、訳者序、著者序、緒論と第一章の説明に留めた。

訳者・北村謙一は訳者序で次のように書く。

「同書は多くの民族が海洋を適切に利用するか否かによって興廃いずれかの道をたどった経

過を示す記録である。〔……〕海外に広大な植民地をかかえていたスペインや、当時の世界の貿易、海運を一手に牛耳っていたオランダがいかにして衰亡していったか。フランスがいかにしてせっかくの海外発展の芽を自ら摘んでいったか。そしてイギリスがいかにして苦難を越えて七つの海を支配するに至ったか」を記述しているとし、これまでのアメリカの海外進出と海軍の発展に本書は大きな影響を及ぼし、また自国の発展を海洋上に求めなければならないよう運命づけられている国（日本はその典型）に今なお貴重な示唆を与えているとする。

マハンは著者序で、本書の従来の歴史書とは異なる点を次のように述べる。歴史家は海の事情に疎い。彼らは海について特別の関心も知識も持っていないからだ。英国はどの国よりも、海によって偉大になれた国である。にもかかわらず、英国の歴史家は海洋力（maritime power）の影響を軽視する傾向がある、とし以下のように指摘する。

第二次ポエニ戦役でカルタゴの名将ハンニバルはローマと一七年間戦った。軍事天才ナポレオンは英国と一六年間戦った。英国の歴史家は軍事的天才と国家との関係や、ハンニバルと戦ったローマの将軍スキピオと、ナポレオンと戦った英国の将軍ウエリントンとの類似点を論じたりしているが、制海権がローマと英国にあったという顕著な一致点を述べていない。歴史書の多くは、戦争や政治、社会的経済的状況は取り扱うものの、海に関する問題は単に、付属的、一般的に冷淡に触れるだけである。しかし、本書においてはどのようにしてシーパワーが歴史の原因、結果となっていくかを明らかにしたい、とマハンは言う。

マハンは、一七世紀中葉から一八世紀後半に至る欧州列強による海上の抗争史に大きな影響を与えた要素を発見し、それを「シーパワー」なる新造語で呼んだ。『海軍力』よりも、さらに広い概念を強く印象づけるためにキャッチ・フレーズとして、彼が考え出したこの言葉は、本人の予想をはるかに越えた反響を呼んだ。しかし彼は必ずしもその定義を明確にしなかった」と訳者・北村謙一は言う。しかし、第一章の「シーパワーの要素」を読めば、この言葉の持つ概念の大きさがわかろう。

本書緒論でマハンは言う。

戦争における諸条件の多くは兵器の進歩とともに時代から時代へと変っていくが、その間にも不変で、したがって普遍的に適用されるため一般原則といってもよいようなある種の教訓があることを歴史は教えている、ということである。同じ理由から過去の海洋の歴史を研究することは有益であろう。〔……〕先例は、原則（プリンシプル）とは別であり、また原則ほど有益ではない。先例はもともと誤まっているかも知れないし、状況が変れば適用できなくなるかもわからない。他方原則は物事の本質に基づいている。条件の変化に伴ってその適用がいかに変ろうとも、成功するためには、原則が、従わなければならない基準であることは変りはない。戦争にはこのような原則がある。原則が存在することは過去の歴史を研究することにより見つけることができる。過去の歴史を研究すれば、成功と失敗の中に原則が見出される。

そして、歴史を研究すれば、「海軍戦略は、戦時におけると同様平時においても、国のシーパワーを建設し、支援し、増大することをその目的とする」ということがわかる。

シーパワーの要素について

マハンは、著者序で本書は従来の歴史書と異なり、シーパワーをめぐる抗争という点から見た歴史書であるとし、緒論で時代の経過で変らぬ海軍戦略というものがあることを示し、第一章で歴史に影響を与えたシーパワーの一般要素を説明する。

第一章では、最初に、海洋は偉大な公路という視点を述べる。海洋が政治的、社会的見地から最も重要で明白な点は、それが一大公路、広大な公有地だとし、その上を通って人々はあらゆる方向に行くことができる、とする。次に陸路に対する海上輸送の有利を説き、海軍は通商保護のために存在する、と海軍の存在意義を示す。続いて、通商は安全な海港に依存するとし、植民地と植民地に至る戦略拠点について論じ、シーパワーに関連する連鎖の環

（生産、海運、植民地）について説明し、次のようなシーパワーに及ぼす一般条件を記述する。
①地理的位置：その国の位置が海洋交通にとって、優位な地点にあるかどうか。
②自然的形態：良港湾を多数もっているかどうか。
③領土の範囲：シーパワーの発展に考察すべきは、国が占めている総面積ではなく、海岸線の長さであり、その港湾の特性である。
④住民の数：単に総数ではなく、海上業務に従事する者、少なくともすぐに艦船勤務に使用できる者及び海軍用資材の建造に使用可能な者の数。
⑤国民性：スペイン人やポルトガル人と、オランダ人や英国人の国民性の相違を述べ、スペイン、ポルトガルの衰退の原因を指摘する。
⑥政府の性格：マハンは英蘭仏の政府の取ってきた政策を分析し、シーパワーへの影響を論じている。

マハンと二人のルーズベルト大統領

本書は当時の海軍列強に特に大きな影響を与えた。日露戦争時、大統領だったセオドア・ルーズベルトと太平洋戦争中に大統領だったフランクリン・ルーズベルトの二人は遠縁にあたる。両者は海軍次官を経験していることからわかるように、海軍に関心が深く、海軍行政に関する実力者で、米海軍増強に強い指導力を発揮した。二人はマハン信奉者だった。

セオドアには、第二次米英戦争の海戦を論じた名著『一八一二年戦争の海戦史』があり、マハン大佐の保護者でもあった。海軍現役軍人にもかかわらず、政治色の濃い論文を新聞、雑誌に発表してトラブルを起こすマハン大佐の後楯《うしろだて》になった。『海上権力史論』が発売されると直ちに購入して週末に読み上げて「この二日間、忙中にあったが、自分の時間の半分を費やしてこの本を読んだ。賞賛すべき本で、必ず海軍関係の古典になろう」とマハンに読後感を送っただけでなく、月刊誌に書評も書いた。マハンが死ぬと、「海軍の必要性を一般大衆に啓蒙したことでは、大佐(マハン)は冠絶している」とする追悼文を雑誌に投稿した。「海軍関係の権威者マハンはセオドア・ルーズベルトに大きな影響を与えた」、「この二人は外交政策、海外進出、海軍行政、軍備問題などで見解はほぼ一致していた」、「セオドア・ルーズベルトは確信的なマハン信奉者だった」と歴史家は言う。

フランクリン・ルーズベルトも一〇代の高校時代に『海上権力史論』に熱中し、海軍次官、大統領時代を通じて「海を制する者が世界を制する」というマハン理論を信奉するシヴィリアンの代表的存在となった。両ルーズベルトは海軍増強に邁進《まいしん》し、外交政策に海軍を積極的に活用した。

海軍史におけるコペルニクス

『海上権力史論』が出版されて三年後に、マハンは欧州派遣艦隊旗艦シカゴ号の艦長として英国に渡り、大歓迎を受けた。『ロンドン・タイムズ』は、マハンをコペルニクスにたとえた。天文学で地動説を唱えたコペルニクスの働きに、海軍史ではたしたマハンの働きを比べたのである。ケンブリッジ、オックスフォードの両大学から学位が授与された。ケンブリッジの学位授与式では、『海上権力史論』によって大英帝国が波の中から興《おこ》ったのを英国人があらためて知った、と賞賛された。ヴィクトリア女王の夕食会に招かれた時にはドイツ皇帝ヴィルヘルム二世も出席しており、その後、皇帝のヨット「ホーエンツォレルン」号にも招かれた。ヴィルヘルム二世は『海上権力史論』に強い感銘を受け、直ちにドイツ語訳を指示し、全てのドイツ艦やドイツ公立図書館に備えるよう命じていた。皇帝は、「ドイツの将来は海上にあり」と叫び、海軍増強に邁進しやがて第一次世界大戦となった。春秋の筆法をもってすれば、第一次大戦を起こさせたのは『海上権力史論』なり、と言えなくもない。海軍列強を目指し、対清国、対ロシアに備えようとしていた日本でも邦訳が出て強い影響を与えた。米国に留学した秋山真之《あきやまさねゆき》がマハンに会って教えを乞うたことは、司馬遼太郎の『坂の上の雲』にも出てくる。日露戦争後、マハンは自叙伝で「日本の輝かしい勝利は、日本が自分の著作をよく読んで理解したのが原因」である、という意味のことを書いている。

第二次世界大戦後、ソ連はランドパワー大国だけでは満足できず、シーパワー大国たらんとした。これを指導したのが二〇年以上の長期間ソ連海軍のトップだったゴルシコフ元帥である。ゴルシコフには『ソ連海軍戦略』(宮内邦子訳、原書房)の著作があるが、マハンの『海上権力史論』の強い影響が読み取れる。ソ連は膨大な海軍増強予算に堪えかねて崩壊した。

現代中国もランドパワー大国だけに満足できず、シーパワー大国への野心があるのは最近の航空母艦建造や、南シナ海、東シナ海方面での行動で明らかである。中国のこのような動きに対して、日本はどう対処すべきか。『海上権力史論』は今もその存在意義を有している。

(著者序)

■テキスト

『海上権力史論』(新装版) 北村謙一訳、原書房、二〇〇八年

＊

■マハンの言葉

海洋の使用とコントロールは、世界の歴史の一大要素であった。

海軍戦略は、戦時におけると同様平時においても、国のシーパワーを建設し、支援し、増大することをその目的とする。（緒論）

谷光太郎

5

毛沢東『遊撃戦論』(一九三八年)

毛沢東(Mao Ze-dong, 1893~1976)は、一九世紀中期から始まった欧米列強による侵略と国内の混乱に終止符を打ち、中華人民共和国という漢人の国家としては歴史上最大の国家を実現した中華民族主義の英雄である(中国史上最大の国家はモンゴル人の元であり、二番目は満州人の清であり、三番目が中華人民共和国である)。その毛沢東によって、日中戦争下の一九三八年に執筆されたのが「抗日遊撃戦争の戦略問題」である。これが『遊撃戦論』とよばれるゲリラ戦略の古典的著作である。

戦いの半生

一九四九年の中華人民共和国建国にいたる毛沢東の半生は、国民党、そして日本軍との戦いの日々であったといってよい。

毛沢東は一八九三年一二月二六日に湖南省の豊かな農家に五人兄弟の三男として生まれた。八歳から伝統的教育を受け、私塾で中国知識人の基礎教養である『論語』、『孟子《もうし》』、『春秋左氏伝《しゅんじゅうさしでん》』を学んだ。それと同時に通俗歴史小説である『三国志演義』、『西遊記』、『水滸伝《すいこでん》』などを愛読していたといわれている。後年発表された国民党との戦いや日中戦争を対象にした軍事問題を扱った著作は、共産主義理論に基づくとされているにもかかわらず、そこには『三国志演義』や『水滸伝』からの影響が垣間見られる。

ロシア革命の翌年一九一八年、湖南第一師範学校を卒業した二五歳の毛は、北京大学の図書館助理（補佐）として勤務した。このとき、同大学教授で図書館主任であり、「中国におけるマルクス主義の父」といわれる李大釗《りたいしょう》（1889～1927）を知る。毛は勤務のかたわらマルクス主義文献読書会に出席して共産主義の勉強を始めた。翌一九年、一月から開かれていたパリ講和会議で、中国代表が返還を求めていた山東ドイツ権益が日本に譲渡されることが決定。それに反対して五月四日、北京で学生がデモ行進したことに端を発し、反日救国の民族運動が広がりをみせた。この五・四運動に参加し、二〇年夏頃までにマルクス主義の立場を確立したとされる。

一九二一年七月、上海で開かれた中国共産党の設立大会に湖南省の代表として、一二人の代表会議に出席（中国共産党の最も古いメンバーの一人となった）。その後、二三年六月の中共

第三回党大会において中央執行委員兼中央局委員に選出された。二五年以降、革命の原動力として農民の力に注目し、二六年、国共合作下の広州で農民運動講習所の所長として農民運動の指導に当たり、二七年三月には「湖南農民運動視察報告」を発表している。

二七年、国民革命軍総司令の蔣介石《しょうかいせき》(1887~1975)の反共クーデターによって「第一次国共合作」は崩壊し、その後、毛沢東は湖南・江西で秋収《しゅうしゅう》蜂起を指導するものの、失敗に終わる。中共中央の指示に背いて井崗山《せいこうざん》に立てこもり、土地革命を実施しながら農村根拠地を拡大していく。さらに二八年四月、労農革命軍第四軍を編成し、三一年一一月には、江西省瑞金《ずいきん》に中華ソビエト共和国臨時政府を樹立し、主席となる。しかし、指導部は毛沢東に批判的で、毛沢東は党の指導権を握ることはできなかった。

三四年一〇月、中国共産党は国民党の包囲攻撃によって根拠地を追われ、一万キロに及ぶ逃亡(長征)を開始した(長征の結果、中共軍の兵力は十分の一に減少)。その途中、毛沢東は三五年一月、遵義《じゅんぎ》における政治局拡大会議(遵義会議)において軍の指揮権を奪取した。長征の後、陝西《せんせい》省北部に移った中共中央の指導権を握り、三六年一二月には中央革命軍事委員会主席に就任した。

一九三七年七月に日本軍との本格的な戦闘が始まると、主要な都市に侵攻した日本軍の攻撃によって国民党は大きな損害を受けた。国民党は共産党を攻撃する余裕を失い、日本軍に対抗するために一九三七年九月に「第二次国共合作」を成立させた。国民党の攻撃によって崩壊の危機に瀕していた共産党にとって、日本軍の侵攻は起死回生のチャンスであった。しかし、国共合作によっても日本軍の侵攻を阻止できず、一九三八年には徐州など華北・華中の主要都市は日本軍に占領された。この時期、毛沢東は代表的な著作である「実践論」「矛盾論」（三七年）をはじめ、「抗日遊撃戦争の戦略問題」「持久戦論」（三八年）、「新民主主義論」（四〇年）等を発表した。毛沢東は、日本軍との戦いにおいて「安内攘外《あんないじょうがい》」（まず国内の共産党を平定し、その後、外敵である日本軍を打倒する）を主張する国民党とは異なり、「抗日民族統一戦線」を主張した。民族主義を前面に掲げた中共は、日本軍による侵略に反発する多くの中国人の心をとらえ、日中戦争の過程で勢力を拡大した。

一九四五年四月から六月に中国共産党第七回大会で、毛沢東は党中央委員会・中国人民革命軍事委員会主席に選出される。八月、日本の無条件降伏後、蔣介石と国共和平協定を結ぶが、翌年六月、全面的な内戦（解放戦争）に突入した。極度に腐敗していた国民党軍は共産党軍に敗れ、四九年一〇月に中華人民共和国が成立した。建国後は中央人民政府主席に就任し、五四年からは国家主席も兼ね、共産党・軍・政府を支配し、絶対的権力を確立した。

「功績第一、誤り第二」

中華人民共和国建国までを「功績」多しとするならば、建国以後の国家指導者としての毛には「誤り」多しという見方ができるかもしれない。

毛沢東は五七年、反右派闘争によって自分に批判的な勢力を排除し、翌年から大躍進・人民公社推進政策など急速に社会主義化を推し進めた。中国社会の現状を無視した社会主義化政策を強行した結果、五九年から六一年にかけて大飢饉を招き、数千万人もの死者を出した。毛沢東は責任を取って五九年に国家主席再選を辞退。しかし、毛沢東の権威は揺るがず、六五年には柔軟な社会主義政策の実現を主張する官僚や知識人を「資本主義の道を歩む実権派」と非難し、文化大革命を発動して、反対派を弾圧した。七三年の第一〇回共産党大会で党主席に再選されるも、文化大革命が終息していく中で、七六年九月九日、北京において死去した。遺体は毛主席紀念堂に安置されている。

毛沢東は、一九四〇年代より死去するまで中国共産党主席であり革命の最高指導者であったが、法治主義や民主主義を理解せず、最後まで戦時共産主義、人民戦争の思考様式から脱却できなかった。毛沢東が発動した文化大革命は、中国社会に大きな傷を残した。毛沢東死後、共産党による彼の評価は混乱したが、八一年六月、「建国以来の党の若干の歴史問題に関する決議」(一一期六中全会)によって、「功績第一、誤り第二」とされ、「偉大な愛国者、中華民族の英雄」として評価されている。

持久戦という考え方

毛沢東は、ここで取り上げる「抗日遊撃戦争の戦略問題」(「遊撃戦論」)のほかに、「中国革命戦争の戦略問題」(三六年一二月)、「持久戦論」(三八年五月)、「戦争と戦略の問題」(三八年一一月)といった軍事戦略に関する論文を残している。そのなかで有名なものに持久戦という考え方がある。しかし、これは毛沢東独自のものというより、当時の中国では一般的な考え方であった。たとえば、蔣介石も次のように主張している(「蔣委員長為我軍退出南京告国民書」)。

「兵力に大きな差がある日本と中国が戦う場合、正規軍による決戦はない。中国が抵抗をやめなければ、中国の首都を占領しても中国の死命を制することはできず、日本は中国全土を占領するまで戦争を止めることはできない。日本は大都市を占領することはできるが、中国の存在を消滅することはできない」

「日本の大陸政策はソ連を第一の仮想敵国としている。中国は日ソ間の矛盾を利用できる。日本が南進すれば太平洋を制する米国と対立する。英仏も米国に同調するだろう。ゆえに、中国がこれらの諸国と結んで日本を孤立させ、中国内陸を根拠地として持久戦を行えば日本に勝利できる」

　このように、国民党の対日戦略も基本的には毛沢東と同じ持久戦であった。国民党が主張する最も有力な対日戦争に勝利する戦略は世界列強の介入である。また、資源に乏しい日本は持久戦に耐えられず、速決戦ができるだけであり、戦争を持久戦に持ち込めば中国が勝利する可能性が高くなるという見方が一般的であった。日本軍も「中国はまるでミミズのようなもので、たとえ裁断しても死ぬわけではない」と見ていた。

　蔣介石と毛沢東の対日戦争戦略を比較すれば、共通点も多いが、蔣介石は米ソの役割に期待する部分が大きく、毛沢東は国内の力（人民戦争）を重視する考え方であった。つまり、蔣介石が他力本願的であったのに対し、毛沢東は民族主義（抗日民族統一戦線）を唱えたのである。実際の日中戦争は毛沢東ではなく蔣介石の予想どおり進行した。しかし、日中戦争の中で覚醒した中国人の民族主義が、共産主義ではなく民族主義を掲げた中国共産党を、日中戦争後の国共内戦の中で政権の座に押し上げたのである。

『遊撃戦論』の構想

『遊撃戦論』は日中戦争の中で執筆されたものであり、端的にいえば、それは毛沢東が「弱い中国」が最終的に「強い日本」に勝つ戦略を構想したものである。その構想は以下のようなものだった。

日本は強力な帝国主義国家で、軍事力・経済力は東洋第一である。したがって、中国は日本に速戦速勝できない。しかし、日本は国土が小さく、人口、資源が欠乏し、長期戦には耐えられない。さらに、日本の戦争は野蛮であり、反動的である。

一方、中国は半植民地・半封建国家で軍事力・経済力は日本に及ばない。しかし、中国の戦争は進歩的で正義があるため全中国人を結集することが可能であり、日本人民の同情も得ることができる。さらに、中国の国土は大きく、資源が豊かで人口・兵力が多く、長期の戦争に耐えることができる。また、中国の戦争は進歩的で正義の戦争であるために、国際社会の大きな援助を得ることができる。

このように、日本の軍事力は強く、中国の軍事力は弱い。したがって、中国が短期戦で勝利することはできない。しかし、日本は小国であり、野蛮な反動的戦争を行っているために国際的援助は得られない。一方、中国は大国であり、中国の進歩的な戦争に対しては国際的援助が期待できる。以上の条件によって、日本は必然的に最後には敗北し、中国は勝利する。

――これが毛沢東による勝利へのヴィジョンであったが、実際の中国の戦場では一九四五年においても日本軍は優勢であり、現実の日中戦争では、日本軍が太平洋において米軍との戦争に敗北することによって中国における戦争は終わったのである。

いかにすれば弱者は強者に勝てるのか

遊撃戦（ゲリラ戦）の基本命題は、いかにすれば弱者が強者に勝つことができるかである。そして、その方法を追究したのが『遊撃戦論』である。本書はまず「なぜ遊撃戦争の戦略問題を提起するのか」（第一章）に始まり、戦争の基本原則について述べ（第二章）、さらに戦略における六つの原則を提示し（第三章）、第四章以下、その原則について詳述するという構成になっている。これまでの記述をふまえて、『遊撃戦論』を詳しく紹介していく。

第一章「なぜ遊撃戦争の戦略問題を提起するのか」のポイントは、中国の強さと敵の弱さを再認識することである。小さくて弱い者は大きくて強い者には勝てない。しかし、中国は弱いが大きい国であり、敵である日本は強いが小さい国である。この点が、中国が最終的に勝利する基本的条件なのである。このような状況下で、敵の占領地域がきわめて広がるという事態が生じ、戦争の長期性が生まれている。敵は、この大きな国で非常に広い地域を占領しているにもかかわらず、国が小さく兵力が不足しているため、占領地域には多くの空白地帯がある。それが敵の弱点であり、長期戦になる所以《ゆえん》である。

第二章「戦争の基本原則は、自己を保存し敵を消滅することである」は、戦争において勇敢に犠牲になれと提唱することと、「自己を保存する」ことは矛盾しないのかという疑問に対する回答である。その答えは、「矛盾しない」である。それは、部分的に一時的に自己を「保存しない」（犠牲を払う）ことは、全体的に「保存する」ために必要なものであるということである。

第三章〔抗日遊撃戦争における六つの具体的な戦略問題〕では、自己を保存し、敵を殲滅《せんめつ》するという目的を達成するための六つの原則を挙げている。

①主動的に、弾力的に、計画的に、防御戦のなかで進攻戦を、持久戦のなかで速決戦を、内線作戦のなかで外線作戦を実行すること、②正規戦争との呼応、③根拠地の建設、④戦略的防御と戦略的進攻、⑤運動戦への発展、⑥正しい指揮関係、である。そして、ここに挙げた六原則について、つづく第四章から第九章で各論を展開している。

遊撃戦争の基本方針とは

第四章〔主動的に、弾力的に、計画的に、防御戦のなかで進攻戦を、持久戦のなかで速決戦を、内線作戦のなかで外線作戦を実行すること〕では、章タイトルである原則をさらに四つに分けて述べている。すなわち、①防御と進攻、持久と速決、内線と外線の関係、②すべての行動において主動的地位に立つこと、③兵力の弾力的な使用、④すべての行動の計画性。

これらの点は次のように行動することによって解決できる。すなわち、遊撃戦争の基本方針は、進攻することでなければならない。しかも、進攻は奇襲でなければならない。同時に、素速く戦闘に決着をつけることが要求される。これは、敵が強く味方が弱いという状況に規定されているからである。速決戦を何回も展開することによって、抗戦能力を強化する時間を稼ぐと同時に、国際情勢の変化と敵の内部崩壊を促進する。このようにして戦略的持久の目的を達成し、戦略的反攻に転じ、日本侵略者を中国から駆逐することができるのである。

さらに、優勢な兵力を集中して敵を包囲し殲滅する。全部を包囲できなくてもその一部を包囲し、包囲している敵を全て殲滅できなくても、その一部を殲滅し、包囲している敵を大量に捕虜にできなくても、それを大量に殺傷する。

このような殲滅戦を積み重ねて敵味方の形勢を逆転し、敵の戦略的包囲を根本的に撃破する。最終的には、国際的な力および日本人民の革命闘争と結合して、日本帝国主義を包囲攻撃し、これを一挙に殲滅することができるのである。

第五章〔正規戦争との呼応〕は、正規戦争と遊撃戦の関係について述べている。遊撃戦争が戦略的に正規戦争に呼応するとは、敵の後方において敵を弱体化し、敵を牽制し、敵の輸送を妨害する役割を果たし、全国の正規軍および全国人民の心を奮い立たせることである。このような任務を遂行するに当たって、敵の後方にある遊撃根拠地の指導者や臨時に派遣された遊撃兵団の指導者は、自己の勢力を適切に配置し、時と場所の状況に応じて異なった方法を取らなければならない。敵が最も危険だと感じているところや弱いところに向けて積極的に行動を起こし、敵を弱体化し、敵を牽制し、敵の輸送を妨害して、内線で戦役作戦を推し進めている軍隊を精神的に奮い立たせ、その戦役的呼応の責任を果たさなければならない。

根拠地の建設とその条件

第六章〔根拠地の建設〕は、根拠地の建設の重要性とその条件である。広大な被占領地区のいたるところで遊撃戦争を引き起こし、敵の後方地区を前線に変え、敵が全占領地区で戦争を停止することができないようにしなければならない。味方の戦略的反攻が行われる日まで、失地が回復される日まで、敵の後方における遊撃戦争を堅持しなければならない。その時期がどれくらいなのか確定することはできないけれども、かなり長期にわたることは疑いない。これが戦争の長期性である。根拠地がなければ、遊撃戦争を長期にわたって継続し、発展させることはできない。

根拠地建設にとって切り離すことのできない条件は、武装勢力の力を含めたあらゆる力をつぎ込んで、民衆を抗日闘争に立ち上がらせることとである。この闘争の中で人民を武装させ、自衛軍と遊撃部隊を組織しなければならない。そして大衆団体を組織しなければならない。労働者、農民、青年、婦人、子供、商人、自由業者などはすべて、彼らの政治的自覚と闘争意欲の高まりの程度に応じて、各種の抗日団体に彼らを組織し、次第にそれらの団体を発展させなければならないのである。民衆は、組織がなければ抗日の力を発揮することができない。

第七章〔遊撃戦争における戦略的防御と戦略的進攻〕は、抗日遊撃戦争が防御態勢にあるとき、または進攻態勢にあるときに応じて、いかに具体的に進攻戦を適用するかという問題である。敵が数縦隊に分かれて包囲、攻撃を仕掛けてくるような状況では、包囲攻撃を打ち破って、反包囲攻撃の形をとらなければならない。敵の進攻を阻止した後は、防御陣地に立てこもっている敵に攻撃を加えることなく、計画的に、一定の地区において、遊撃戦争の力に見合った小さい敵や漢奸の武装組織を殲滅、駆逐して、味方の占領地区を拡大し、民衆の抗日闘争を燃え上がらせ、部隊を補充、訓練して、新しい遊撃隊を組織することである。

第八章〔運動戦への発展〕は、運動戦へ移行する方法である。遊撃戦を行う遊撃部隊を、運動戦を行う正規部隊に変えるには、量的拡大と質的向上という二つの条件がそろわなければならない。前者は、人民を直接動員して部隊に参加させる他に、小部隊を集中するという方法をとることによっても達成できる。また後者は、戦争のなかでの訓練と武器の質的向上によって達成することができる。

第九章〔指揮関係〕は、指揮関係の問題の正しい解決方法である。遊撃戦争における指揮の原則は、一方では、絶対的集中主義に反対すると同時に、他方では、絶対的分散主義にも反対することである。戦略面では集中的指揮を執り、戦役や戦闘の面では分散的指揮を執ることでなければならない。

戦略面での集中的指揮のなかには、国家の遊撃戦争全体に対する兵力配置、各戦区における遊撃戦争と正規戦争との呼応行動、および各遊撃区あるいは各根拠地における抗日武装組織全体に対する統一指導が含まれる。これらの点で協調、統一、集中が欠けていることは有害であり、できる限り協調、統一、集中を追求しなければならない。一般的な事項、つまり戦略的性質を持つ事項については、下級は上級に報告して、その指導を受け、共同作業の効果が上がるようにしなければならない。しかし、下級の具体的なことまで干渉するのは有害である。なぜなら、これらの具体的事項について、遠く離れている上級機関では知る術《すべ》がないからである。

戦後における革命戦争の教科書

『遊撃戦論』をはじめその他の毛沢東の著作は、中国革命戦争を推し進める強力な精神的支柱であった。『遊撃戦論』は、共産党軍の兵士に自らの戦いが正しい戦いであり必ず勝利するという信念を植えつけ、共産党軍の士気を高めることに大きく貢献した。日中戦争後の国共内戦において、腐敗し士気が崩壊した国民党軍に共産党軍が勝利した大きな要因は共産党軍の士気の高さであった。毛沢東の政治教育工作によって、革命という明るい未来を信じた共産党軍兵士と、略奪と暴行しか関心がない国民党軍兵士の戦闘力には大きな差が生じることになった。また、外国に頼り自らの力を強化することを怠った国民党軍と、あくまでも自らの力を強化することに全力を傾注した共産党軍との戦闘力の差は、国民党軍と共産党軍の戦いであった国共内戦において共産党軍が勝利する決定的要因になった。

その後、『遊撃戦論』は中国革命の成功と結びつけられ、第二次世界大戦後の世界において外国に頼らず「弱者が強者に勝つ」革命戦争の教科書になった。ベトナム戦争で超大国と戦って勝利した北ベトナムの国防相ヴォー・グエン・ザップの著書『人民の戦争・人民の軍隊』(中公文庫)は、毛沢東の人民戦争理論を現地の条件に合わせて応用したものである。世界各地の革命戦争が下火になった現在でも、「弱者」が「強者」に立ち向かう戦いがなくならない限り、「弱者」が自力で「強者」に勝つ戦略を追究した毛沢東の『遊撃戦論』の意義は不滅である。

■テキスト

『遊撃戦論』藤田敬一・吉田富夫訳、中公文庫、二〇〇一年

■毛沢東の言葉

大きい力を集中して、敵の小さい部分を攻撃する。（第四章）

＊

戦争の基本原則は、自己を保存し敵を消滅することである。（第二章）

＊

防御戦のなかで進攻戦を、持久戦のなかで速決戦を、内線作戦のなかで外線作戦を実行する。（第四章）

村井友秀

6 石原莞爾『戦争史大観』(一九四一年)

陸軍中将・石原莞爾《いしはらかんじ》(一八八九〔明治二十二〕―一九四九〔昭和二十四〕)は、七十余年の日本陸軍の歴史を通じて屈指の逸材と言われ、陸軍の枠を超えた軍事思想家である。戦争史の科学的研究に基づく独創的な戦争進化論から最終戦争による世界の統一を予言し、文明論的な日米対決の必然を確信し、この対決に勝利するための戦略として日本のみならず、満蒙、さらに東亜を含めて壮大な戦略を構想した。

石原は理論だけでなく、その第一段階として満洲事変を自ら画策・推進し、昭和史に絶大な影響を与えた。結果は見果てぬ夢に終わったが、将来の戦争手段・様相の予想はきわめて正確で、第二次世界大戦後の核による全面戦争抑止効果を核兵器出現前にすでに認識しており、困難な国際環境への対応の考察過程なども含め、石原理論はなお今日性を持っている。

本稿では石原理論の集大成である『世界最終戦論』(後に『最終戦争論』と改題)の裏づけと

なった『戦争史大観』について解説する。

陸大始まって以来最高の頭脳

本の内容に入る前に、著者石原莞爾について触れる。

両親ともに庄内藩の士族の家系であったが、明治維新により父は警察官となり家産なく生活は貧しい方だったようだ。明治二十二（一八八九）年生まれの石原は才気溢れ、きかん気の強いいたずらっ子だった。学校の成績は抜群であり、明治三十五（一九〇二）年山形県の育英会の援助と鶴岡の素封家の支援を受けて仙台陸軍幼年学校に入り、陸軍軍人の道を歩む。明治三十八（一九〇五）年市ヶ谷の陸軍中央幼年学校（本科）、続いて四十年同地の陸軍士官学校に進むと読書に励み、つてを得て名士（大隈重信《おおくましげのぶ》や乃木希典《のぎまれすけ》大将なども）を訪問した。卒業して会津若松歩兵第六十五連隊で、「一生中で最も愉快な年月」を過ごし、三年後の大正四（一九一五）年に陸軍大学校に合格する。在学中に、戦闘法（隊形）が幾何学的に点から線、さらに面になったことを着想し、日露戦争の勝利が僥倖《ぎょうこう》の上に立っていたような疑惑をもった（「戦争史大観の序説」）。陸大始まって以来最高の頭脳と言われたが、大正七（一九一八）年の卒業時の序列は二番だった。

卒業後、大正八（一九一九）年教育総監部付となったが、校正や書類整理などに嫌気がさし、希望して（？）翌年、中国・漢口《かんこう》の中支那派遣隊司令部付に転出した。任務は軍事情報収集であったが、従来好意と期待を持っていた中国人の政治的能力に疑いを持つ。しかし何より重要なことは、後に満洲事変、満洲国建国に名コンビとして協力する派遣隊参謀の板垣《いたがき》征四郎《せいしろう》少佐に出会ったことである。二人は完全に意気投合し、信頼関係が出来上がったのである。

大正十（一九二一）年七月、陸軍大学校兵学教官を命じられたが教育担当せず、翌十一年大学校付でドイツ留学を命じられた。陸軍は石原に十分の留学準備期間を与えたようだ。大正十二（一九二三）年一月十八日出発、三月十五日ベルリン着、大正十四（一九二五）年十月同地出発まで二年六ヵ月のベルリン滞在の収穫は大きかった。

特に、旧ドイツ陸軍参謀本部のルーデンドルフらとベルリン大学のハンス・デルブリュック教授との論争は石原の思考を大きく前進させた。デルブリュックは、参謀本部が第一次世界大戦の本質を見誤り、殲滅《せんめつ》戦略に固執したことを失敗として批判した。消耗戦略で相手を消耗させせながら外交手段を併用して有利な決着をすべきであったし、その可能性はあったとするものである。殲滅戦略の代表がナポレオン、消耗戦略の代表がフリードリッヒ大王であるということもデルブリュックから教えられた。石原は決戦戦争と持久戦争が西欧において交互に現れたことを確認した。

石原は陸軍大学校学生時代に抱いた疑問「日露戦争の勝利は僥倖の上に立ったのではないか」に発し、ドイツ留学中に戦争史大観の大綱と、世界最終戦論への着想を得た。帰国後に陸軍大学校教官として行った「欧州古戦史講義」の結論（現在及将来ニ於ケル日本ノ国防）にこの両テーマのアイディアが明確に述べられている（角田順編『石原莞爾資料・戦争史論』原書房）。

満洲事変から戦後へ

昭和戦前期の日本の進路に絶大な影響を与えた満洲事変遂行の中心人物である石原は、学究的な戦略理論研究というより、入念な戦史研究と鋭い洞察（宗教的信念を含む）に基づき、行為者たる軍人として自ら実行（に関与）すべき戦略を追求した。

昭和三（一九二八）年六月に起こった、当時満洲某重大事件と言われた張作霖《ちょうさくりん》爆殺事件から間もない同年十月、関東軍作戦主任参謀に着任する。直後の同年十二月に、張学良《ちょうがくりょう》が易幟《えきし》（父の張作霖以来の五色旗を青天白日旗に改め、国民政府に帰属）を宣布し、反日色を強めた。翌年五月、かつて中支那派遣隊で意気投合した板垣征四郎大佐が高級参謀として着任し、満洲事変遂行コンビが結成されることになる。石原は板垣を説いて七月に北満参謀演習旅行を行い、研究会において、「戦争史大観」を初めて参加者に発表した。さらにその翌日以降、

「国運転回ノ根本国策タル満蒙問題解決案」「関東軍満蒙領有計画」を説明討議している。

事変発生後、中央の意向に従い、「満蒙領有」から「満洲国建国」に転換する。石原は孫《そん》文《ぶん》の辛亥《しんがい》革命後の混乱期に漢口の中支那派遣隊に勤務した当時は中国人の政治的能力を低く評価していたが、事件以後ともに満洲国建国に尽くす現地の協力者らの意思と能力を認め、君子豹変ではないが、短期間に満洲人（ここでは満洲に長く居住している住民全体の意で使う）による新しい満洲国建国に心から協力し、後に最終戦争に備えても「日満支」が手を組む東亜連盟運動を提唱、推進する。

昭和七（一九三二）年夏、石原は関東軍を離れて、国際連盟の総会に代表団随員として派遣されてジュネーヴに赴く。特別な仕事のない石原はこの機会にフリードリッヒ大王、ナポレオンに関する研究資料を集めた。帰国後、昭和八年八月に仙台の歩兵第四聯隊長に、昭和十（一九三五）年八月に、参謀本部第一部第二課長（作戦課）に任じられる。作戦課が参謀本部、ひいては陸軍の中心的役割を果たしながら、作戦、策案を専らとしており、重要だと考えている戦争（指導）の研究が不十分な実情なので、石原は自ら主導して昭和十一年、作戦課のほかに戦争指導課を新設し、自ら初代課長に就任した（翌年、第一部長代理〔三月少将に進級して正規の部長〕）。

そこで石原は、まず最も危険なソ連に備えて処置し、その後、英国に対処、さらに日支親善を万全にして米国との大決勝戦に備えるという「国防国策大綱」を策定した。海軍の同意は得られなかったものの、参謀総長の決裁を得て陸軍限りで実現を図る。「国防国策大綱」という国軍最初の長期国防国策の構想とその下部の戦争指導計画、軍備充実計画、それを支える「産業五ヵ年計画」という体系、陸軍として実現を目指す壮大な国防体系は、参謀本部、陸軍省にも認知され、動きかけていた。

ところが、昭和十二(一九三七)年七月、日中戦争が勃発。作戦部長になっていた石原の戦争不拡大の努力は失敗に終わり、石原は関東軍参謀副長として寂しく満洲に去る。東條英機《とうじょうひでき》中将が参謀長に就いている関東軍では、石原はほとんど活動できず、以後、舞鶴《まいづる》要塞司令官、留守第十六師団司令部付を経て、第十六師団長で昭和十六(一九四一)年三月、予備役編入となる。

昭和十六年六月、石原は要請を受けて東亜連盟協会顧問に就任した。八月、『戦争史大観』(中央公論社)、『国防論』(立命館出版部)が当局の指示により自発的絶版。昭和十七年八月、『世界最終戦論』(増補改訂版、中央公論社)を出版した。九月、前年三月より立命館大学教授に就任していたが、当局の圧迫の同大への影響を考慮し、辞職して山形に帰郷した。故郷では東亜連盟運動に情熱を傾けた。

昭和二十(一九四五)年八月十五日の敗戦直後から、石原は、敗因は物量の不足や戦略の拙劣よりも、徳義、国民道徳の驚くべき低下にあったのではないかと語り始める。日本に対して原子爆弾が使われたが、石原は自分の想定する世界最終戦はまだ少し先だと考えていた。しかし、敗戦国の立場に立ち、日本の非武装中立を訴え、最終戦の一方の相手国としてではなく、王道に基づく文化国家として対処すること、そして、戦争の廃絶には物的基礎と国際正義感が必要であり、最終戦争を経ずに絶対平和を実現する道を求めていた。

東亜連盟は昭和二十一（一九四六）年一月、連合国軍総司令部により解散させられた。石原は、その後、「日蓮教入門」の執筆にあたり、原稿が完成すると、進行した膀胱《ぼうこう》ガンの上に肺炎を併発し昭和二十四（一九四九）年八月十五日、満六十歳で波瀾の生涯を閉じた。

『世界最終戦論』とは何か

本稿のタイトルは『戦争史大観』としてあるが、『世界最終戦論』（後に『最終戦争論』）と『戦争史大観』は渾然一体として石原理論が形づくられている。よって、『戦争史大観』を理解するには『世界最終戦論』を知る必要があり、その解説が不可欠であると思われる。

『世界最終戦論』は昭和十五（一九四〇）年五月、京都義方会における講演速記に基づくものが、同年九月に立命館出版部から出版された。『戦争史大観』（「序説」及び「説明」を含む）は、昭和十六年七月に中央公論社から出版されたが絶版。そのうち「戦争史大観」と

「戦争史大観の由来記」(前記の「序説」に一部削除・訂正を加えたもの)が、昭和十七年三月に新正堂発行の改訂増補版『世界最終戦論』に収められた。削除・訂正のない「戦争史大観の序説」と「戦争史大観の説明」の一般向け刊行は戦後になった。

『戦争史大観』の骨子(基本構想)を、石原が文書として表したのは昭和四(一九二九)年七月、関東軍の北満参謀演習旅行途次の長春においてであり、この時すでに日米を中心とする真の世界大戦、人類最後の大戦争を述べている。また『世界最終戦論』には、「戦争史の大観」として説明を加えて、前記文書より少し詳しくしたものが含まれている。いずれも戦争史研究の中から生まれたものであるが、明確に形を得たのはドイツ留学中であって、同時並行的に進んだ、分かちがたい一体の理論(史観、思想)と言えよう。

『世界最終戦論』の構成をみると、第一章は戦争史の大観で、第二章は世界最終戦争、第三章は世界の統一、第四章は昭和維新、第五章は仏教、第六章は結言として世界最終戦争が近づいており、覚悟と準備の必要を述べている。なおさらに、「『最終戦争論』に関する質疑回答」として十五問をとりあげて、一般の人の疑問に答えている。

『世界最終戦論』は一種の終末論である。所論中に日蓮教から受けた啓示に関することが大きく出てくるので、特に現代人には近づきにくい感を与えるかもしれない。しかし、質疑回答で答えているように、石原理論は主に欧州戦史の研究を基礎とする軍事的進歩の分析という科学的思考によるものであり、結果的に、最終戦争の予想時期が日蓮教の予言とほぼ一致したということである。宗教と科学は相反するものではなく、科学者がキリスト教などの敬虔な信者であることは欧米では普通であり、予言等で確信を得ることは知的誠実さと矛盾することではないであろう。

世界最終戦論は、戦争肯定論であり、戦争不可避論であった。それは道義によって闘争心をなくすことはできないから、世界的決戦戦争で世界を一つにするしかないという考えであった。また、しかし、第二次産業革命によって、世界戦争に勝てる決戦兵器が出現する反面、原料の束縛から離れて必要なものは何でもどしどし造り、持てる国と持たざる国の区別がなくなるというアイディアも語っている。一方石原は、東洋の王道、道義を重視し、特に現役を去って行動の自由を得ると、日本・満洲国・中国による東亜連盟の実現に努力した。

石原にとって、日中戦争は不必要な、やってはならない戦争であり、日米戦争（大東亜戦争）は何十年か早く始まってしまった戦争であり、勝てない戦争であることを早くから認識していた。日本の敗戦直前、石原は、戦争の犠牲がいよいよ大きくなるのに武力による効果が小になると考え（「英雄〝ヒットラー〟ヲ弔フ」『国防論策』）、敗戦後の昭和二十年十月頃、「戦争は最早その意義を失おうとしている。〔……〕最終戦争に対する必勝態勢の整備は武力によるべきにあらずして、最高文化の建設にある」（「新日本の建設」『石原莞爾全集』『石原莞爾選集』）と書いている。昭和二十四年八月に没するまで、参加して勝つ最終戦争論から転じ、軍備を放棄して最終戦争回避への努力に全力を尽くしたのである。

『戦争史大観』の概要

一方『戦争史大観』は、石原が昭和四（一九二九）年の基本構想（要綱）をその後一部修正したものを「第一篇　戦争史大観」とし、昭和十五（一九四〇）年十二月に京都で脱稿した「第二篇　戦争史大観の序説（別名・戦争史大観の由来記）」、昭和十六（一九四一）年二月に脱稿した「第三篇　戦争史大観の説明」の三者を一体のものとして扱っている。中公文庫版の頁数でいえば、第一篇が一〇頁、第二篇が二五頁、第三篇が一五八頁と、後半に進むに従って分量が大幅に増えており、石原の思索が徐々に深化し、記述が厚みを増していることがわかる。

最初から各篇の内容を紹介すると、「第一篇　戦争史大観」は緒論で、次のような戦争史への心構えから説き始められている。「戦争の進化は人類一般文化の発達と歩調を一にす。即ち、一般文化の進歩を研究して、戦争発達の状態を推断し得べきとともに、戦争進化の大勢を知るときは、人類文化発達の方向を判定するために有力なる根拠を得べし」。

以下、戦争指導要領の変化、会戦指揮方針の変化、戦闘方法の進歩、戦争参加兵力の増加と国軍の編成、将来戦争の予想、現在における我が国防の各項目について箇条書きで骨子を述べている。

つづく「第二篇　戦争史大観の序説（別名・戦争史大観の由来記）」は、石原自らの筆による簡潔な自伝を兼ねるものである。自身の研究、考察の遍歴、誰（何）に触発され、学んだかを包まず書き記しており、『戦争史大観』だけでなく、『最終戦争論』を考究した経緯も十分知ることができ、石原の両著作の真意、神髄を理解する上に大変役立つ。

たとえば、冒頭は次のように書き起こされている。「私が、やや軍事学の理解がつき始めてから、殊に陸大入校後、最も頭を悩ました一問題は、日露戦争に対する疑惑であった。日露戦争は、たしかに日本の大勝利であった。しかし、いかに考究しても、その勝利が僥倖の上に立っていたように感ぜられる。もしロシヤが、もう少し頑張って抗戦を持続したなら、日本の勝利は危なかったのではなかろうか」。

石原は日露戦争における日本の勝利への疑問があったことを明かしているが、ここには戦史研究へと向かった動機が端的に示されている。またベルリン留学中には、

1　日蓮聖人によって示された世界統一のための大戦争

2　戦争性質の二傾向〔殲滅戦争と消耗戦争――注〕が交互作用をなすこと

3　戦闘隊形は点から線に、更に面に進んだ。次は体となること

以上の三つが重要な因子となって最終戦争が進むという確信を得たという。

独創性と先見性をもつ戦略

本篇ともいうべき「第三篇　戦争史大観の説明」は、自ら収集した、主としてドイツ語文献を活用した研究の一端である。石原の戦史研究として文書化されたものは、ドイツ留学後、陸軍大学校教官としてまとめた稿本が「欧州古戦史講義」として『石原莞爾資料・戦争史論』に収録されている。この稿本は、戦争史、あるいは戦争指導史であり、そこには「結論現在及将来ニ於ケル日本ノ国防」として『戦争史大観』の基本がすでにあったことがわかる。この稿本は、専門家にとってはきわめて興味深いものであるが、詳細緻密なために、一般の人にはかえって近づきがたいかもしれない。「戦争史大観の説明」はその精髄を、きわめてわかりやすく説明してコンパクトにまとめたものとして貴重である。

第三篇はかなり分量があるが、目次は第一篇と対応するように、第一章緒論、第二章戦争指導要領の変化、第三章会戦指導方針の変化、第四章戦闘方法の進歩、第五章戦争参加兵力の増加と国軍編制（軍制）、第六章将来戦争の予想、第七章現在に於ける我が国防、の全七章構成になっている。つまり、第一篇で掲げた骨子、第二篇で取り上げた事項を、実際の戦史、戦例をもって詳解しているのである。軍事史・戦史に興味のある方は挿入された作戦図を参照しつつ読まれると興味深く、石原の考え方がよく理解できる。

石原の戦略は、緻密な歴史研究をもとにした長期的かつスケールの大きな戦略で、政治、外交、軍事、経済を包含する。太平洋戦争開戦の十ヵ月前にはすでにつぎのように記している。「僅かに英仏海峡を挟んでの決戦戦争すらほとんど不可能の有様で、太平洋を挟んでの決戦戦争はまるで夢のようであるが、既に驚くべき科学の発明が芽を出しつつあるではないか。原子核破壊による驚異すべきエネルギーの発生が、巧みに人間により活用せらるるようになったらどうであろうか。これにより航空機は長時間すばらしい速度をもって飛ぶ事が出来、世界は全く狭くなる事が出来るであろう。またそのエネルギーを用うる破壊力は瞬間に戦争の決を与える力ともなるであろう」。

このように、核兵器や運搬手段についても先見性を示している。

石原の発想は独創的で、米国との間の世界最終戦争を考え、これに勝たなくとも何とか対抗できる戦略を考えた。そのため満洲や中国との協力が不可欠としたのである。批判者の多くは、満洲事変を独断専行、謀略で行ったこと、かつそれが第二次世界大戦アジア正面の戦争を招き、敗戦にもつながったというようなものが多い。しかし、それは戦略の優劣とは少し違うのでないか。

いずれにせよ、我が国のみならず、極東、さらには世界の歴史に影響を与えた満洲事変の画策遂行の中心人物として、石原を除外して昭和前期の歴史を深く研究することはできない。政治、経済、外交、軍事等を総合した国策の推進は、現在でも国の繁栄と安全強化、脅威の抑止などにとって重要であり、石原が追求した総合的な国策は挫折したが、ここにこそ石原の現代的な意義がある。

■テキスト

『戦争史大観』中公文庫、二〇〇二年

■石原莞爾の言葉

戦争の進化は人類一般文化の発達と歩調を一にす。（第一篇）

＊

（進化した最終）戦争によりて世界は統一せられ、絶対平和の第一歩に入るべし。（第一篇）

中山隆志

7 リデルハート『戦略論——間接的アプローチ』（一九五四年）

「二〇世紀のもっとも著名な戦略理論家」

東西両文明を代表する戦略家といえば、だれしも東の孫子、西のクラウゼヴィッツを思い浮かべるであろう。本稿で取り上げるベイジル・ヘンリー・リデルハート（Basil Henry Liddell-Hart, 1895〜1970）は、「おそらく、二〇世紀のもっとも著名な戦略理論家であろう」といわれ、今日にいたるまで、我々に直接的な影響を与えている。その彼の戦略論は、クラウゼヴィッツの『戦争論』が一九世紀の戦略であるのに対し、それを超克した二〇世紀の『戦略論——間接的アプローチ』（*Strategy: the indirect approach*）といえる。そして、彼の長きにわたる思索は、孫子に行き着いたのであった。

彼に対する評価は、「二〇世紀でもっとも著名な戦略家」といわれる一方、「彼の体格は軍人タイプではなく貧弱である」とか、「史実が疑わしく、政治的に非現実的であり、そして戦略的に有害である」とか、「虚栄心と名声への執着」など、彼の強い個性も影響して毀誉《きよ》褒貶《ほうへん》が激しい。本稿では、それらはどうであれ、彼の思索の跡を、歴史的な背景とともにたどりながら、彼の思想を理解していきたい。

彼の理論は、クラウゼヴィッツの『戦争論』と比べて、評論家的であるとも評される。しかし、両者を同等に論じるべきではないだろう。クラウゼヴィッツは、過ぎ去った過去の「ナポレオン戦争」を素材としたのに対し、リデルハートは、直面しつつある現状と未来を見据え、時代を先取りする流動的な政策問題に関心を向けていたからである。彼自身、自らを「預言者」と称している。

そして歴史の転換期に生きた彼は、その変化を逸早く読み取り、その本質を見抜いた。先見の明ある慧眼《けいがん》の持ち主は、いつの時代でも、それを読み取れない人々の批判を浴びる運命にある。彼自身も述懐しているように、彼にはそんな一面があった。

近代史における戦争形態の歴史的変遷

戦争の形態は、歴史とともに変化しながら展開していく。それは、他の歴史と同じである。歴史は繰り返さない。類似した条件下では、類似した事件・戦争は起こりうるが、過去のタイプの戦争は起こらないと考えるべきである。今日の安全保障を考えるうえでも、今後起こりうる戦争形態を予測し、それに対する対策なり戦略を事前に講じることによって、その危険性を回避し、平和を獲得する道を見いだしていくことが肝要である。それがまた、リデルハートの発想法でもある。

ここで、近代史における戦争形態を類型化して、その歴史的変遷を一瞥《いちべつ》しておかなければならない。この認識なくして彼の思想の理解は困難と考えられるからである。
・「君主戦争」の時代（一五・六世紀～一八世紀）近代的な国家は、一五・六世紀ごろから、ヨーロッパで、王権の絶対的な権力によって形成されだす。この時代の特徴は、「君主の利益」を中心として「傭兵」によって戦われた点にある。その兵器は、剣、弓矢、銃、大砲などであり、一撃、一突き、一発の一対一の戦闘が中心であった。移動や輸送は、人間と動物の筋力にたより、通信手段も貧弱極まりなかった。また、王たちは血縁関係にあり、激しい敵愾心《てきがいしん》を燃やすことも少なく、その戦争は「君主間のゲーム」的な色彩を帯びていた。この一五・六世紀から一八世紀にかけての戦争形態を「君主戦争」と呼ぶことができる。
・「国民戦争」の時代（一九世紀）一七八九年のフランス革命とそれにつづくナポレオン戦争は、国民を主体とした現代的な「国民国家《ネーション・ステート》」を生み出していく。ここにおける大きな特徴は、「傭兵」に代わって「徴兵制」が導入されて大量の兵士の動員が可能となり、「国民の意識《ナショナリズム》」が高揚したこと。そして、そのような戦争は全国民を巻き込み、利益は君主の個人的利益から「国家国民の利益」となり、その外に正義やイデオロギーをめぐる宗教戦争的性格も帯び、「総力戦」化が進み、激烈な「殲滅戦《せんめつ》」を展開するようになった点にある。このような「民族主義の世紀」と称される一九世紀の戦争を「国民戦争」と呼ぶことができる。クラウゼヴィッツの『戦争論』の世界である。

・「世界戦争」の時代（二〇世紀前半）　一八世紀後半に起きた産業革命は、「国家間の相互依存性」を深め、国際関係を複雑化させる一方、一九世紀の「国民戦争」の要素に、技術革新の加速度的進歩が加わっていく。それは、陸海空に及ぶ兵器を出現させ、その性能、破壊力を飛躍的に増大させた。そして国家の人的、物的資源を総動員して戦う「総力戦」へ導き、戦争を大規模、長期化させると同時に、その犠牲、損失、残虐さ、悲惨さも飛躍的に増大させることになった。

第一次世界大戦を経験した元ドイツ軍参謀次長ルーデンドルフは『総力戦』を著し、近代戦は武力のみならず国民生活全体を高度に戦闘機械化して遂行され、戦線のみならず銃後も巻き込み、国家のあらゆる力を動員する「総力戦」になることを説いた。事実、第二次世界大戦は、より一層徹底した総力戦として戦われることになった。このような世界的規模で戦われる二〇世紀の戦争を、「世界戦争」と呼んでよいであろう。時代は、一九世紀のクラウゼヴィッツの『戦争論』の世界から、二〇世紀、リデルハートの『戦略論』の世界へ入っていく。

上述してきたように戦争形態は、時代によって大きく変化していく。のちに取り上げるが、その後の戦争形態は、「冷戦」の時代（二〇世紀後半）、「カモフラージュされた戦争」の時代（二〇世紀後半）、「新しい戦争」の時代（二一世紀前半）へと変転していく。

幼少・青年時代と第一次世界大戦

一八九五年、イギリス人牧師の子供としてパリに生まれたリデルハートは、幼少から戦争に強い関心を抱き、チェス愛好家でもあった。病弱であったがクリケットやサッカーも好んだ。高校とケンブリッジ大学での成績は芳しくなかったが、航空雑誌に投稿もする若者だった。一三歳のときに志願した海軍学校は、身体検査に引っかかり入学できなかった。彼は、当時の多くの若者と同様に、戦争は恐ろしい災難をもたらす、しかし徴兵制度は、男子たる者の最も崇高な精神的、道義的、肉体的特性を鍛えあげ、最高の高貴性をもたらす、という感慨を抱いていた。

リデルハートが一九歳のとき、第一次世界大戦が勃発する。彼は陸軍を志願し、西部戦線におもむくが、戦場での熱病と負傷により二度本国に送還される。そして三度目は、一九一六年七月のソンムの戦いに、歩兵連隊の大隊指揮官として参戦する。しかし、この激しい戦闘で彼の大隊は壊滅し、彼自身も負傷して本国に送還されることになった。

この近代戦がもたらした惨禍の衝撃は、それまで彼が抱いていた、戦争に対する英雄的ロマンチシズムを打ち砕いた。この体験が、彼自身も述懐しているように、彼が主張する、戦争目的達成のために要する人的・物的損害を最小化する「間接的アプローチ戦略」の発想の原点となった。それはまた、現代戦は、勝利がもたらす利益よりも、それに対して支払う代償が大きすぎるために、勝利自体、戦争目的自体を否定してしまい、敗北はいうにおよばず、たとえ勝利を収めても、国家を衰退させてしまうという危険性を、彼は大戦の経験から悟ったのであった。

戦略家リデルハートの出発

第一次世界大戦後は、若き陸軍改革者として頭角を現し、『歩兵操典』を作成したり、戦車を活用する機甲化部隊の創設や戦略空軍（爆撃機）の必要性を提唱したりして評価を受け、ドイツ陸軍にも影響を与えたといわれている。他方「第一次世界大戦から将軍どもは何も学んでいない、それ故に、ふたたび同じ過ちを繰り返すであろう」と厳しく批判するなど、彼の強烈な個性が災いして、一九二七年に、大尉（三二歳）で軍を退役することになる。

退役後はジャーナリスト、軍事史研究家、軍事評論家としての活動を開始し、一九二九年、

「間接的アプローチ戦略」の雛形となる『歴史上の決定的戦争』を発表し、後の『戦略論』へと結実していく。当時、彼の穏健で防衛重視の戦略観は、イギリスのみならず世界からも好評を博した。

ナチス・ドイツの台頭と第二次世界大戦

第一次世界大戦後、ヨーロッパ大陸にナチス・ドイツが台頭して大戦の危機が増大していく。この脅威に対し、リデルハートは「経済封鎖」や「集団的安全保障（複数の国が協力して脅威に対抗する体制）」などによる「封じ込め」と「抑止」による「間接的政策」で対応する考えを抱いた。また、英首相チェンバレンも、「宥和政策」で臨んでいく。しかし、その政策が、かえってドイツを増長させて侵略を許してしまい、その結果、第二次世界大戦への道を開くことになった。彼は、この政策を弁護したために、急激に評判を落としてしまう。

時代は、第一次世界大戦の総力戦化をさらに徹底した方向へと進みつつあった。彼は、このような戦争にイギリスが立ち向かうなら、植民地を失い、経済は崩壊し、イギリスの衰退に結びつくと恐れた。また戦後の安泰や繁栄を約束する「戦後の平和構想」なき戦争指導は無意味であるとも考えた。そこには、彼の「イギリスの利益」、「イギリスの安泰」を願う強い愛国心と、それを裏づける「イギリス流の戦争方法」への模索があった。

しかし、先見性のある彼の主張は受け入れられなかった。時勢がそれを許さなかったのだ。世界をあげて、直接・全面対決の総力戦への「勢い」に躍る軍国主義の渦中にあったからである。それでもリデルハートは、風潮を気にせず、チャーチル英首相が推進する総力戦体制を痛烈に批判した。またドイツを壊滅させてしまうならば、ヨーロッパに「力の真空地帯」が生まれ、そこへソ連が介入すれば、再び新たな脅威が出現すると主張した。彼は、戦後の「冷戦」という新たな事態を、逸早く予見していたのである。

彼の思想は、枢軸国の敗北が進むにつれ、認知されていく。しかし、それが浸透したのは、人類が第二次世界大戦で悲惨極まりない惨禍を体験してからであった。この世界大戦では、世界中の死者数は、諸説あるが、軍人が一七〇〇万人、民間人は二～三〇〇〇万人と推定され、また日本に限っても、主要都市は灰燼《かいじん》と化し、広島・長崎には原爆が投下され、約三〇〇万人が死んだ。もはや、人類にとって、このような戦争は耐えられないものとなった。

「冷戦」の時代

第二次世界大戦後は、「冷戦」と呼ばれる新たな戦争の時代に突入していく。それは、超大国・米国が率いる自由主義陣営諸国と、超大国・ソ連が率いる共産主義陣営諸国とが世界を二分し、イデオロギーをめぐる激烈な権力政治を展開する時代であった。そこに、人類を滅亡させ得る超絶的な破壊力を備えた核兵器（原爆とその後の水爆）が加わった。ここにおいて、仮に核全面戦争が勃発すれば、米ソ両超大国のみならず、世界も破滅してしまう。また、たとえ核を使わなくとも、全面的な軍事衝突は、第一次・第二次世界大戦が示したように、世界に致命的な惨禍をもたらす。現代は、このように戦争ができない事態を迎えたのであり、それを決定づけたのが核兵器の出現であった。

それにもかかわらず、世界では、両陣営間を中心として、依然として対立・権力闘争が存続していく。そこで、核戦争や直接戦火を交える大規模な戦争を回避しながら、政治戦、宣伝戦、外交戦、軍拡競争、経済・技術競争、そして全面戦争にいたらない制限戦争、代理戦争、ゲリラ戦、テロを展開するようになった。そのような戦いを、直接戦火を交える「熱い戦争《ホット・ウォー》」に対し「冷たい戦争」あるいは「冷戦《コールド・ウォー》」と呼ぶようになった。

「核抑止論」と「カモフラージュされた戦争」の時代

今日では常識となっているが、核兵器は、大型の戦略核はいうにおよばず、たとえ小型の戦術核であっても、その超絶的な性格からして使用できない兵器となっている。もともと兵器・武力には①相手を撃破する「攻撃力」と、②相手の攻撃を思い止まらせる「抑止力」との二つの機能が備わっている。その抑止力とは、敵国の攻撃を撃退しうる能力（武力）と戦闘意志とを誇示して、敵の攻撃や侵略の意図を粉砕してしまうか、あるいは攻撃を加えれば、それは双方がともに滅亡する相互自殺（戦略用語では「相互確証破壊《MAD》」といい、双方が確実に破壊されるという意味）でしかないことを悟らせ、その攻撃を思い止まらせる能力のことである。つまり「抑止力」は、戦う「意志」と「能力」とによって戦争を抑制、阻止して平和を獲得するという「絶対的な矛盾」の上に成り立っている。そして核兵器は、超絶的破壊力を持つゆえに、絶対的な戦争抑止力として作用する。ここに「核抑止論」が成立する。

このように核兵器は「攻撃力」としては使えず、「抑止・抑制」の力しか発揮できない点で、「兵器にして兵器にあらず」という性質を帯びている。しかも核兵器は、限定された小規模な戦闘やゲリラ戦やテロ攻撃に比して、あまりにもその報復力が強大すぎるため、それらに対する有効な抑止力とはなりえない。その間隙をぬって、逆にそれらを誘発させ、多発させることにさえなる。それはまた、冷戦とは違い、大国の援助を受けることなしに、しかも、その主体は国家とは限らずにゲリラ集団であったりする。そのような新たな戦争形態を、リデルハートは「カモフラージュされた戦争」と呼んだ。つとに彼は、今日の状況を見抜いていたのである。

　核全面戦争が世界滅亡を意味する以上、核戦争は言うまでもなく、そこに至るおそれのある戦争・紛争・対立も、何としても回避していかなければならない。それは、人類にとっての絶対命令であり「神の意思」ともいうべき現実である。しかし、神ならぬ不完全な人間社会において、矛盾の発生や利害の衝突は避けられず、それが対立を呼び、紛争を引き起こし、さらに戦争へと拡大していく。この危険性を否定できないのも、また現実である。しかし、今日、核戦争に至る危険性がある以上、硬直した直接的な対決を回避し、戦争の発生を「間接的」に「リベラル」な方策で「抑制」、「抑止」して「封じ込め」ていかなければならない。それが今日の戦略の大前提であり絶対命令となっている。それはまた、リデルハートが終始主張してきた戦略論「間接的アプローチ」の骨子でもある。

今日まで生きる間接的アプローチ戦略

戦後間もない冷戦期の米国は、ソ連に対して強力な核の報復力を誇示し、ソ連の侵略を抑止する「大量報復戦略」(「ニュー・ルック戦略」とも呼ばれた)を展開する。しかし、やがて一九四九年、ソ連も核を保有すると、その核報復を覚悟しなければならなくなった。また小規模、限定的な攻撃に対して大量報復戦略で応酬することは、あまりにも過大な報復力の行使となり、その紛争が直ちに核全面戦争に直結する硬直した戦略である、という限界も浮上してきた。

そこで、小規模紛争やゲリラ戦から、限定戦争、通常戦争、そして核全面戦争に至るまでの各段階のどのような規模・性質の戦争に対しても、それらを抑止しうる「柔軟」で「多角的」な能力を備えた戦略が要求されるようになった。一九六〇年代のケネディ政権は、それにこたえる「柔軟反応戦略」あるいは「多角的オプション戦略」と呼ばれる戦略を採用しだす。その戦略の基本思想は、二一世紀の今日にいたるまで、受け継がれてきている。

一九九一年一二月、共産主義国家の超大国・ソ連が崩壊し、それにともなって二〇世紀後半の「冷戦の時代」も終焉を迎えた。自然科学と違って実験ができない戦略思想は、その政策結果の当否を定かに決定することはできない。しかし、冷戦期の米ソの全面戦争は回避され、その間の厳しい対立も直接的な武力対決にいたらなかった。それは「間接的アプローチ戦略」の成功と理解してよいだろう。

一九六六年にナイトの称号を得たリデルハートは、その四年後の一九七〇年、七四歳で他界した。

「大戦略」の重要性

今まで、紙幅の関係で戦闘に関する面を割愛し、リデルハートの中心となる思想を、その背景となる歴史とともにたどってきた。彼の三〇冊にも及ぶ著作のなかで、もっとも代表的な著述が『戦略論』といえよう。それは四部から構成され、第一部から第三部までは、古代ヨーロッパから二〇世紀までの戦史に光をあてつつ「間接的アプローチ戦略」の有効性、正当性を論じ、そして最後の第四部で戦略理論を展開する。この著述のほかに『なぜ我々は歴史から学ばないのか』を著しているように、彼は歴史を重要視するのである。

ここで改めて「間接的アプローチ戦略」を定義してみれば、「戦争目的を達成するうえで、敵国との直接全面衝突を避け、敵国を間接的に無力・弱体化させて政治目的を達成し、味方の人的・物的損害を最小化する」ということになる。ここにおける特徴は、敵を撃滅するのではなく、敵国、敵国民に心理的動揺を引き起こし、その士気をくじいて麻痺させる「心理的領域」を重視している点にある。

この書で彼は「戦略とは、政治目的を達成するために軍事的手段を配分・適用する術（アート）」であると定義する。そして、戦略を、国家目的を遂行する「大戦略あるいは高級戦略（政治）」、軍の総司令官がになう全体的な戦争遂行の「純戦略」、そして個々の戦闘を扱う「戦術」とに分ける。ここで、戦略が目指すのは激烈な戦闘なしに決着をつけること。そして、戦争に勝利を収めても、戦後の安泰や繁栄が必ずしも保障されるとは限らず、かえって国力の弱体化を招く危険性を強調し、それを避けるために、高次の大戦略（政治）が低次の戦略と戦術を指導する重要性を説くのである。そして、一九世紀のクラウゼヴィッツ流の戦争観は、総力戦に陥る危険性を蔵していると喚起を促す。

リデルハートと孫子

リデルハートの長きにわたる思索は「孫子」の思想に接近していく。たとえば、孫子は以下のような「間接的アプローチ」的発想を展開している。「真の勝利とは、百戦して百勝することが最善なのではなく、戦わずして敵を屈服させることこそ最善なのである」「故に、戦争の上手な人は、敵兵を屈服させるが、それは戦闘をして屈服させるのではない。敵の城を陥落させても、攻撃を仕掛けて陥落させるのではない。敵の国を敗北させても、長期戦によって達成するのではない。必ず、そのまま敵を傷つけることなく、天下を争うのである。これこういう方法だと、戦力を損なわないし、しかも完全な利益を手にすることができる。これが謀りごとで攻めるやり方（謀攻）である」と説く。二〇世紀の戦略家リデルハートが行き着いた思想は、二五〇〇年前の孫子の不戦の戦略論と重なったのである。

そして彼は、『抑止か防衛か』において、核兵器が出現した今日、孫子的発想の重要性が増していると説き、孫子が明示的、暗示的に語っている「戦争に至らないための心構え」として、八本の柱を掲げる。

「戦争を研究し、その歴史から学べ。可能な限り強さを保て。いかなる場合でも冷静さを保て。無限の忍耐心を持て。敵を決して追い込まず、常に敵が面子を保てるようにせよ。敵の目から物事が見えるように、相手の立場に立て。徹底して独善を排除せよ——それは自己を盲目にする以外の何物でもない。よくある二つの決定的な思い込み——勝利は得られるという幻想と戦争は制限できないという幻想——から自己を解き放て」

特に第一番目の「戦争を研究する」ことが、武力解決に頼ろうとする心を矯正するよりよい方法であると強調する。

二一世紀の「新たな戦争」の時代と日本

二〇〇一年九月一一日、アメリカ合衆国で発生した同時多発テロ事件は、二一世紀の「新たな戦争の時代」を告げる衝撃的な事件となった。また、近年、日本の周辺に、急速に軍事大国を目ざす国が台頭しつつある。その対外政策・戦略は、相手国が隙を見せ、弱体と分かれば、自国の利益を求めて攻撃を仕掛け、侵略を敢行する一九世紀的な武断的帝国主義政策と、リデルハート・孫子流の「戦わずして勝つ」政治戦、宣伝戦、外交戦、経済・技術戦、あるいは大量の自国民を相手国に送り込んで影響力を浸透させる間接的侵略を展開している、と理解すべきであろう。

戦後日本の外交・安全保障政策は、平和主義に基づく、超リデルハート流の超間接的で超リベラルな戦略を展開してきたとも解釈できる。しかし、それは蜃気楼《しんきろう》的政策である。それには、それを可能とし、保障する「力」の裏付けが必要とされる。だが、戦後の日本人は、敗戦のショックで、厳しい国際政治の現実を直視することを忌避したために、それを軽視ないし無視してきたのである。

日本を守るには、日本人が戦う「意志」と「能力（武力）」を持ち、それを相手に「認識」させることで、敵国の攻撃や侵略の意図を粉砕する「抑止力」を発揮しなければならない。それはまた、忌まわしい戦争を抑え込み、日本が平和を獲得していく可能性を増大させることにもつながる。そのためには、精強で強靭な反撃力を必要とする。平和を獲得するには、そのための覚悟と努力と代価と犠牲を払わなければならない。

リデルハートの「歴史的戦略論」は、「未来は、過去からと現在の延長線上に横たわる現実である」ことを語っている。過去からの歴史（経緯《いきさつ》）と、今日直面している現状の本質と問題点を洗い出し、それらを分析し、それを基にして来るべき未来を想像し、それへの対策を講じることで「戦略」を構築することが可能となる。

同時に「危機」といわれるものが、常に具体的である以上、それはどのようなものであるかを把握し、それへの対処方法つまり「戦術」を、未然に、考え得るいくつものシナリオを描いて、複数用意しておかなければならない。

そうすることで、危機が発生した場合、迅速果敢な対処を可能とし、被害を最小化することができる。それはまた、そこに至る危機を事前に回避させることも、さらには「平和の道」への戦略を構築することも可能とする。今日の日本の政治家や責任ある人々は、そのようなシナリオ——「大戦略」「純戦略」「戦術」を持っているのだろうか。

古代ローマの格言は言う、「平和を欲するなら、戦争に備えよ」と。リデルハートは言う、「平和を欲するなら、戦争を知れ」と。

■テキスト

『戦略論——間接的アプローチ』(上・下)、市川良一訳、原書房、二〇一〇年

■リデルハートの言葉

純然たる防勢〔防衛、防御——引用者〕は危険な脆さを持った方法であり、これに頼ることはできないことを、歴史の経験は警告している。兵力の経済的使用と抑止効果は、迅速な反撃力を備えた高度の機動性を基盤とする、防勢と攻撃の機能が最もよく結合された戦力によって達成されるものである。

(第二十二章)

＊

道徳的義務感を尊重しない国ほど物質的な力〔……〕を尊重する傾向にある。同じように、弱い者いじめ型や強盗型の人間は、自力で立ち向かってくる人間に対しては攻撃をためらう〔……〕。（第二十二章）

＊

平和愛好諸国は不必要な危険を招きやすい。というのは、平和愛好諸国はひとたび立ち上がれば、好戦国よりも極端に走りやすい傾向があるからである。〔……〕好戦国にとっては、相手が簡単に征服できない力を持っていると判断すれば、いつでも簡単に戦争を中止する。（第二十二章）

間宮茂樹

8 ルトワック『戦略――戦争と平和の論理』（一九八七年）

「大戦略」というキーワード

エドワード・ルトワック（Edward N. Luttwak, 1942〜）は、軍事戦略と外交政策の研究者として世界的な権威であり、現在、米国ワシントンにある戦略国際問題研究所の上級相談役を務めている。ルトワックは米国国籍を取得しているが、生まれは歴史において争いに巻き込まれることが多かった、ルーマニアのトランシルバニア地方で、彼自身はユダヤ人である。そういった背景が、彼を戦略研究の分野に没頭させることになったようだ。

日本で翻訳されているルトワックの著作には『クーデター入門――その攻防の技術』、『ペンタゴン――知られざる巨大機構の実体』、『アメリカンドリームの終焉――世界経済戦争の新戦略』、『ターボ資本主義――市場経済の光と闇』といったものがある。しかし、一九八七年に出版された彼の代表作である『戦略――戦争と平和の論理（*Strategy: The Logic of War* and Peace)』（初版一九八七年、増補改訂版二〇〇二年）は日本では未翻訳であり、その内容が取り上げられることも非常に少ない。このことが海外と比べて、日本での彼の知名度を著しく低くしている大きな要因だろう。この『戦略』は先鋭的な戦略理論書として知られ、戦略研究の分野において歴史的な名著として今後も扱われていくことは間違いない。事実、『戦略』は欧米の数多くの教育機関で戦略学の教科書として使用されている（増補改訂版では冷戦以降の国際社会で起こった出来事について触れられているが、初版との大きな違いとして、「犠牲者なき戦争」、外部の干渉による戦争への妨害、精密爆撃について書き加えられたことが挙げられる）。

過去の著作に『ローマ帝国の大戦略――一世紀から三世紀』（一九七六年）、『ソビエト連邦の大戦略』（一九八四年）、そして近著の『ビザンツ帝国の大戦略』（二〇〇九年）といったものがあることでわかるように、彼の探究心は「大戦略」という概念に対して捧げられている。この大戦略こそが、ルトワックの研究全般を理解するためのキーワードだといえよう。『戦略』は、第一部「戦略の論理」、第二部「戦略レベル」、第三部「結果：大戦略」の三部構成となっている。本稿では、本文が二六〇頁以上に及ぶ『戦略』増補改訂版の特徴的かつ重要なポイントを詳解する。

戦略の構造と逆説的論理

ルトワックは、数々の戦史・戦略研究が示すように、戦争ならびに平和というものは、科学で説明するには不規則すぎると考えている。これは『戦争論』を書いたカール・フォン・クラウゼヴィッツに強い影響を受けた著者の戦略思想の基本的な考え方である。こういった軍事戦略の複雑な問題を解決するための大きなヒントを与えてくれるものが、ルトワックが唱える「戦略の領域」における「逆説的論理（paradoxical logic）」だといえるだろう（ルトワックによれば、「戦略の領域」とは、「実際もしくは可能性のある武力紛争との関連における対人関係の中で繰り広げられる行為と結果」を包含するとしている）。

ルトワックが唱える戦略理論は、まず、下から技術、戦術、作戦、戦域戦略、大戦略という五つのレベルから成る「垂直面」、そして各レベルにおいて敵と味方の間で繰り広げられる作用と反作用が起こる「水平面」という二つの面から構成されている。「戦略の領域」には、原因、過程、結果という直線的な流れで考える一般的な思考モデル「線形論理（linear logic）」とは異なる、すべてを反対方向に転ずる逆説的論理が満ちている。そしてこの逆説的論理の作用を戦略の一般論に関連づけながら、あらゆる形態の戦争や平時における国家間の敵対関係を左右する普遍的な論理を明らかにすることが、この本の目的となっている。

ルトワックによれば、「戦略領域」には矛盾し、逆説的で天邪鬼《あまのじゃく》な論理が充満している。

戦略は、人間、生命、連続した人間の行動、方法、対抗策といった有機的なものを扱っている。したがって、戦争におけるひとつひとつの行動はシンプルなものだが、お互いの手段に対して反対したり妨害したりしようとする敵対者同士の「水平面」の争いが存在し、それが戦略を複雑化して逆説的にするというのだ。また、異なるレベル同士の「垂直面」の相互作用も存在し、「水平面」の影響は「垂直面」の各レベルに強く作用している。そしてそれらの影響が最終的に大戦略のレベルに及ぶことになるという。

逆説的論理は、法律や慣例、商業、生産、消費といった、戦争の存在しない平和的な活動や目的において浸透している線形論理とはまったく異なるものだ。線形論理が支配している環境においては、良いものは増加すればするほど状況は好転していくものと想定されている。たとえば、経済活動において大量生産とそのための単一性はプラスに働くが、戦略の領域において単一性・均質性は脆弱性《ぜいじゃくせい》に陥りやすい。なぜなら、ある軍隊が革新的な技術を生み出して勝ち続けたとしても、敵対する勢力がその新技術への対抗手段を考案してしまえば、勝敗の流れが逆になるといった場合も考えられるからだ。

戦時において敵の虚を衝《つ》く攻撃を行うためには、常識を破る行為や、敵の予測できない行為などが有効である。間接的アプローチを唱えたベイジル・ヘンリー・リデルハートの「最少予期線」を参考にしながら、ルトワックはこのような敵の裏をかく行動における逆説的論理の例を挙げている（最少予期線を選択するということは、敵が予測していない攻撃方法を選ぶことである）。たとえば、広く舗装された近道と狭くて舗装されていない回り道のどちらを選ぶのが良いのだろうか？　平時においては、道が舗装されていて近道でスムーズに流れる道を選択するのが自然であろう。しかし戦時においては、舗装された近道の方が敵の妨害に阻まれる可能性が高い。近道、明るい空間、長い時間をかけた準備といったものは、日常生活では好ましいものかもしれない。しかし、戦略においては敵の裏をかく行動が必要になるのだ。

一方で、敵の不意を衝く行為を実行するには、リスクや損失を計算する必要がある。たとえば、行軍が困難な長距離ルートを選択した場合には、兵は疲弊し車両は傷み、補給を費やすことになるし、戦場にたどり着くことができない兵力の比率も高まる。暗視装置を使ったとしても、夜の戦闘では視界は悪いし、動くことも困難になり、兵器も有効に活用できない。敵の予測より早く行動する場合は、通常は通らない近道を行くことや臨機応変な行動が求められて、持っている戦闘力を最大限に活用できなくなるかもしれない。敵の虚を衝く逆説的な攻撃を仕掛ける場合は、リスクを計算し、自滅するような極端な行動は避けなくてはならないのだ。

他のリスクとして、クラウゼヴィッツが唱えた「摩擦」によるものが挙げられる。ここでルトワックが指す「摩擦」とは、敵のリアクションによるものではなく、組織内における一般的なミスによるリスクのことである。軍の運営において、誤解、遅延、機械の故障といった不測の事態が起こるが、こういった摩擦は戦争においては避けられないものだ。逆説的行動によって敵と相対した時のリスクの減少を試みた場合、全般的な行動がより複雑で広範囲になり、机上では予測できない「摩擦」が増大することになる。

逆説的論理は、あらゆる規模の戦争だけでなく、平時における敵対的外交にも当てはまる。そして逆説的行為は、力のバランスを考慮したうえで反映されなくてはならない。戦争において自己の力を過信し、楽観的な線形論理に従ったり、適切な逆説的行為を行わなかった場合には、自己の破滅を招くことになるのだ。

逆説的論理から考える戦争と平和

『戦略』の第一章の冒頭に、「平和を欲するなら、戦争に備えよ」という古代ローマの格言が紹介されている。この言葉は、ルトワックの唱える逆説の論理を象徴しているといえよう。つまり、戦いに備えることが、自らの弱さゆえに招いてしまう敵からの攻撃を思いとどまらせるということだ。また、自分より弱い者を説得して、戦うことなしに相手を屈服させられるということも示している。このような逆説的論理の典型的な例として、彼は核兵器の存在を挙げている。核兵器は莫大な予算を割《さ》いて開発し維持しなければならないが、破壊力が強すぎて抑止力が働くため、核兵器は「使用しなければ効果的」であるという逆説的な兵器だというのだ。

しかし、ルトワックが主張する平和を作り出すための論理はさらに過激である。彼によれば、戦争は平和をもたらす方法であり、戦争は戦争に必要な資源を焼き尽くすことによって平和な状態を生み出すと言い切っている。そしてより重要なことは、戦争は物質的なものだけでなく、戦争を行おうとする人間の心や精神、つまり希望、野心、期待を打ち砕くとしている。ルトワックの主張は、戦争は巨大な悪かもしれないが、一方で「戦争の継続を食い止める」という意味で、巨大な善も行うというものだ。戦争が戦争そのものを破壊する速度はその規模と激しさによる。内戦では激しい戦闘は少なく、規模も小さいため、スリランカやスーダンの内戦は終結までに途方もない年月を要する。一方、激しい戦争を長年続けることは不可能であり、場合によってはごく短期間で産業や人口の多くが失われ、戦争遂行のための資源は燃え尽きる。

外部からの干渉による平和維持活動、民族紛争に対する仲裁、長期にわたる支援は、戦争から平和への変化を妨げていると彼は主張する。冷戦後に勃発した紛争解決のための国際社会の働きかけを偽善的だと断じたルトワックの論考は、多くの人々に受け入れられたとは言い難い。しかし、彼が考える「戦争と平和」は、世界中で物議を醸すことになった。

平時におけるどんな人類の発展も、国家の戦争遂行能力を増加させ、平和を維持する軍事バランスを乱すことにつながると考えるルトワックが、唯一例外として挙げたのが、彼自身が命名した「犠牲者なき戦争（post-heroic warfare）」の出現である（***Foreign Affairs***, Vol. 74, No. 3, May/June 1995）。「犠牲者なき戦争」とは、国力の伸長と繁栄がもたらした副作用だと彼は力説する。かつて繁栄は戦争を奨励し、経済大国は侵略者であった。軍事活動に伴う多くの犠牲者を受け入れることは、大国の前提条件であった。しかしテレビで映し出されるベトナム戦争やソマリア内戦などの生々しい映像による心理的影響や出生率の低下により、家族や社会が以前のような犠牲を受け入れられなくなった。社会の繁栄の果てに、人々は戦争で自国の犠牲者をできるだけ出さないように細心の注意を払うようになったのだ。これにより米国をはじめとする先進諸国は、犠牲の多い地上戦をできるだけ避け、精密爆撃や海軍作戦に頼るようになったという。この論考は、現代の戦争を象徴するものとして頻繁に引用されている。

勝利による敗北

ルトワックの戦略理論を理解する上でのキーワードの一つは「勝利による敗北」である。

これは勝ち続けることが、最終的には自らを滅ぼすことになるという逆説的論理である。戦争には相手が存在するため、勝利することが反動を呼び起こすからだ。戦略における逆説的な論理は特に規模の大きい陸戦において顕著だが、どの形態の戦争においても、同じような成功と失敗の相互関係がみられる。クラウゼヴィッツが提唱した「限界点」(攻撃側が戦闘力を徐々に減少させながら前進を続け、やがて「攻撃の限界点」に達した場合、攻撃側と防御側の優劣が逆転する)を超えた時に、勝利や成功は反対方向へと作用するのだ。限界点は戦略レベル・戦術レベルのどちらにも存在する。もし勝利が過剰な拡大によって敗北へと発展しないのなら、そして増大するパワーが自滅の原因を含まないのなら、ヒトラーやナポレオンも破滅しなかったであろうとルトワックは主張する。

たとえ勝利し続けても、敵陣深く入り込み、十分な援軍がないまま長期戦を余儀なくされたら、勝利の限界点を超えて軍隊の弱体化が進行する。勝利している軍隊が勝てば勝つほど、母国や補給地から遠く離れ、補給路がどんどん長くなっていくからだ。その反対に負けて撤退する軍隊は、自身の拠点へ近づくために補給路はどんどん短くなる。勝ち続けると陸軍は敵陣に深く入り込み様々な妨害やゲリラ、テロなどに悩まされる。戦略のすべてのレベルにおいて「過ぎたるは自滅を招く」ともいうべき罠が存在するのだ。

勝利による敗北は、国際関係の領域でもいえることだ。大国は経済規模が大きく、またそれはより大きな軍事力を必要とする。ところが最強の大国は、他国の恐怖と敵意を刺激してしまい、同盟国を疑惑的な中立国にし、中立国を敵国にする可能性がある。最強国のさらなる国力の増強を防ぐために、国力の劣る国々が徒党を組んで反抗しようとするのだ。

強大化している大国が他国の抵抗を戦争によって破壊しようと試みた場合にも、同様の理論が適用可能だ。大国がライバルや敵対勢力が形成した連合に勝利した場合は、彼らの敵意と恐れをさらに刺激することになる。もしその大国が負けた場合は、戦勝国を問題視する新たな同盟国によって、その敗北は緩和されることになる。もしその敵国連合が勝利した場合、その勝利はその連携を弱める。なぜなら抑圧されていたそれぞれの国益の追求が復活するからだ。完璧な勝利は、逆説的論理がもたらす効果によって、戦勝国同士の結びつきを破壊することになる。国際社会ではこうして飽くなき争いが永続するのだ。

大戦略と調和

技術レベルでは、兵器対兵器、兵器対その対抗策との間で相互作用が起こる。戦術レベルではそれらの兵器を用いた特定の部隊間で戦闘が行われる。作戦レベルでは多数の部隊同士の間で大規模な戦闘が行われる。戦域戦略レベルでは、国や島、大陸、国家群といった特定の地域・領域で各作戦が行われる。そして戦争全体や、平時における戦争のための準備は、一番高い大戦略レベルでの国家の取り組みである。大戦略とは、戦略の軍事以外の分野と戦後の平和に注目することを喚起した、リデルハートによって提唱された概念である。ルトワックの戦略理論でも、情報戦、外交、経済取引といった国家間における相互作用は、大戦略レベルに含まれる。

五つの戦略レベルは、明確な階層に分かれている。しかし各レベルの結果が単純に上下に伝播していく訳ではない。仮に低いレベルで成功を収めても、高いレベルでの失敗によって減殺され、結果として意味を成さないかもしれないからだ。仮に一つの部隊が攻撃に失敗しようが成功しようが、他の部隊の働き次第でその結果は帳消しにされる。つまり戦争に参加している全軍隊の相互作用によって、その結果は調整されることになるのだ。ルトワックの理論における大戦略とは、垂直面の戦略レベルの流れと、対外関係によって形を成す水平面との、合流点である。各戦略レベルの成功や失敗は、大戦略という合流点においてまったく違った結果に変わるかもしれない。下位のレベルで優位に立ちながらも、大戦略で失敗した例として第二次世界大戦の日本とドイツが挙げられている。枢軸国側は連合国側に大戦略レベルでの水平面において圧倒されていたのだ。

そして、大戦略で生みだされた結果がどのように判断されるかは、解釈の問題である。国益を定義することは難しく、各政府がどんな目的を追っているかによって判断される。

戦略を通じて目的を果たすために、ルトワックが繰り返し強調するのは、垂直面と水平面、そして五つのレベルを理解して、すべての面とレベルに受け入れられる調和の方法を見つけ出すということである。しかし、求められる戦略の調和はとても複雑で難しい。たとえば、革新的な技術が出現した場合には軍隊の構造を変化させる必要があり、新しい部隊が設立され、古い部隊がその犠牲になることもあるからだ。また、技術者と兵士、技術者と政治家の間に存在する価値観や意識の相違を考慮する必要がある。一つの兵器を選ぶにしても、それをどのように利用し、相手のリアクションをどのように予測するかを、各レベルにおいて見極めた上で、最終的な戦略的価値が決まるのだ。

ルトワックの戦略理論が大戦略全体の計画立案のために使用されると、面倒な複雑さが生じることになる。まず、どのような理由で目的が設定されたとしても、その目的に一貫性がなくてはならない。そして、大戦略の定義や二つの面における正確な行動規範を考えなければならない。また、軍事政策、外交、宣伝工作、秘密工作、経済全体の領域において、他の組織・部局から特定の優先事項に対して抵抗が起こることも避けられない。たとえ議会や利益団体が抵抗しなくても、意識・無意識的にかかわらず、官僚化された現代国家の組織は、独自の利益、習慣、目的と衝突する場合には、その計画に抵抗するものだ。規範的な大戦略の履行のためにはそうした組織が不可欠であるが、それは同時に障害にもなるのだ。どのような場合でも、戦略を全体に調和させる解決法を考え出すのは容易ではない。

戦略の総合理論を提案した人物として、『戦略論の原点』の著者である米国海軍少将J・C・ワイリーは、ルトワックと同じように高い評価を受けている。ワイリーは政府・軍隊組織内における人々の立場の違いから生じる価値観の相違が、総合的な大戦略を遂行する上での大きな障害であると強調している点でルトワックと主張が共通している。しかしワイリーの場合は主に文民と軍人、または陸海空の三軍の軍人の間に存在する戦略観の違いについて論じているが、ルトワックの調和の重要性に関する論考は、二つの面と五つのレベルの観点から、ワイリーのそれよりもより広く論じているといえるだろう。

二つの面と五つのレベルにおける逆説的論理についての識見があれば、特定のレベルにしか適さない、もしくは他者のリアクションを無視した決定の誤りを明らかにすることができる。他方でルトワックは、大戦略の計画において不確実性が存在するという事実は受け入れなくてはならない、と述べている。大戦略の採用に成功するということは、不調和による小さなエラーの蔓延《まんえん》を減らすことになる。しかし、それによってより巨大なエラーを犯すことに大きな力が集中されるという危険性も出てくるのだ。

筆者個人が特に注目する点は、ルトワックがコンセンサスを重んじる民主的な国家と逆説的論理の相性の悪さをたびたび指摘していることだ。民主国家のリーダーたちにとっては戦争全体に通じる複雑な論理を理解することは困難である。なぜなら、彼らは逆説的論理とはまったく異なる、常識的な論理に執着した民衆の意見を正確に理解し、ガイドしていく必要があるからだ。政治指導者が社会で権力を維持するためには、総意型の政治の線形論理に従って、行動を起こす前に民衆に説明しなくてはならない。結果として、彼らが外部の敵に対して逆説的な手段を用いることは難しくなる。民衆の生活のために政府機関は、常識的な論理が用いられた国策を作成するための調整を強いられる。それが経済・社会政策ならよいが、戦争や外交上の争いといった領域においては、矛盾した政策こそが逆説的論理による自滅を防ぐことができる。しかし国策レベルでこういった政策を追う民主政治の指導者たちは、その矛盾や逆説を非難されることになる。彼らは国民に説明責任があるため、民主国家は軍備増強を隠すことができないし、敵を攻撃したり脅したりするためにも事前にそれを正当化しなくてはならない。

一方で独裁国家は、こういった逆説的論理に彩られた政策を比較的容易に行うことができる。しかし前述のように大戦略の採用の成功は、巨大な失敗の始まりとなる可能性がある。民主国家よりも厳密に政策の調和を課し、逆説的論理を最大限に利用して相手を攻撃することができる独裁国家の戦略が、初期の段階ではうまくいっていても、最終的に悲惨な結末を迎えるのは、そういった理由が考えられるのだ。

民主国家と独裁国家の逆説的行動に対する相性の違いは、現在の日本と中国の国情の違いを想起させる。二〇一二年に刊行され、外交・安全保障関係者の耳目を集めるルトワックの新著『中国の勃興vs.戦略の論理』(*The Rise of China vs. the Logic of Strategy*)は、こういった戦略の採用や逆説的論理の点に注目して読むと面白いだろう。

ルトワックの『戦略』は複雑な戦略の構造を整理し丁寧に説明している。されど、彼が論じる逆説的論理と調和の重要性を理解しても、結局戦略の難解さとその奥深さを思い知ることになるかもしれない。しかし、そういった理解や発見があれば、戦略に関する問題についての解決方法を見出す可能性が少しでも高くなる。そのような前向きな諦観が、戦略と向き合う場合には必要ではないだろうか。

ルトワックの主張は、憲法九条を基軸とした戦後の平和主義が日本を他国から守ってきた、と語る人々とは正反対の論理である。『戦略』には日本人が身につまされるような事象が多く語られており、できるだけ多くの人々に読まれるべきである。ルトワックの理論が世界的に評価されているという現実を踏まえて、日本を取り囲む安全保障環境を我々はあらためて考える必要があるのではないだろうか。

■テキスト

Strategy: The Logic of War and Peace, Revised and Enlarged Edition, Belknap Press of Harvard University Press, 2002［未邦訳］

■ルトワックの言葉

戦略の全領域において逆説的論理が満ちている。（第一部序論）

＊

戦争は巨大な悪かもしれないが、素晴らしい善も持っている。（第一部第四章）

＊

戦術レベルでの成功も、大戦略レベルでは容易に逆効果となりうる。（第三部第一五章）

関根大助

9 クレフェルト『戦争の変遷』（一九九一年）

クレフェルトについて

『戦争の変遷』は副題に *The Most Radical Reinterpretation of Armed Conflict Since Clausewitz* とあるように、文字どおり戦争・紛争・武力闘争に対して、クラウゼヴィッツ以来最もラディカルな再解釈を試みた著作である。一九九一年の初版以来、フランス、ドイツ、ロシアなど世界各国で翻訳、日本語版は二〇一一年に刊行され、戦略論の名著の一つとして定評を得ている。

著者マーチン・ファン・クレフェルト（Martin van Creveld, 1946〜）は、軍事史を専門とするイスラエルの歴史学者・軍事学者である。一九四六年にオランダ・ロッテルダムに生まれ、一九五〇年にイスラエルに移住。ヘブライ大学で学んだ後、ロンドン大学経済政治学院（LSE）で博士号を取得。一九七一年から二〇一〇年秋までイスラエルのヘブライ大学歴史学部で教鞭をとった。本書はこの間に執筆されており、わずかではあるが彼が教えた学生たちの様子なども記されている。現在は同大学名誉教授となり、テルアビブ大学の安全保障・外交問題修士課程の教育に参加しつつ、執筆を中心に活動を続けているという。また、アメリカ海軍大学校（United States Naval War College）をはじめ、世界各国の戦略研究機関などにおいて講演活動も行っており、二〇〇二年一月には来日し、防衛研究所主催のフォーラムで特別講演を行っている。

彼自身のホームページの記載によれば、これまでに二〇冊の著書を出版しており（筆者の調べでは二〇一三年二月末現在二二冊）、そのなかでも重要な著作として以下の五冊を挙げている（そのうちの一冊が『戦争の変遷』であり、これを含め三冊が邦訳されている）。

Supplying War（1978）　邦訳：『補給戦——何が勝敗を決定するのか』佐藤佐三郎訳、中公文庫、二〇〇六年

Command in War（1985）

The Transformation of War（1991）　邦訳：『戦争の変遷』

The Changing Face of War: Lessons of Combat from the Marne to Iraq（2006）

The Culture of War（2008）　邦訳：『戦争文化論（上・下）』石津朋之監訳、原書房、二〇一

〇年

本稿でとりあげる『戦争の変遷』は全七章立てで、「はじめに」で本書の目的・内容・構成を提示し、「むすび」で来るべき戦争の姿について論じている。以下では、第一章から追って各章ごとに簡単に内容を紹介しつつ、解説をしていきたい。

低強度紛争の時代

第一章「現代の戦争」では、まず核兵器が使用不能な兵器であることが説かれている。その理由として、地球全体の滅亡を回避しつつ核戦争を遂行する方策を誰も提示し得ていないこと、そして一九四五年以降、核保有国による通常の戦争は、いくつかの例外を除いてはほとんど行われておらず、それらにおいても核兵器が実際に役立っていないことを指摘する。そして、様々な国が核保有の能力を持ったことで、通常戦に対して慎重になったとしている。さらに、一九四五年以降の戦争の多くは低強度紛争であり、現代の軍事力は現代の戦争の主要形態になりつつある戦闘を行うのには有効ではなくなってきているという。こうした状況を「現代のドン・キホーテ」と評する。

核戦力については、第二次世界大戦後バーナード・ブロディによって核抑止のための核戦略が提唱されて以来、核保有国は柔軟反応戦略や相互確証破壊（MAD：Mutual Assured Destruction）などいくつかの戦略論を練り上げてきた。しかし、それらはみな虚構にすぎなかったと断言している。

こうした核戦略をめぐる議論や、通常戦力が有効性を失っているという指摘は、読者によってはいささか乱暴なものに映るかもしれない。だが、一度虚心に核戦力・通常戦力について検証することの意義は十分に理解できるはずである。こうしたことは、日本人にも無関係ではない。米国の核の傘による抑止や、現在の自衛隊のあり方、装備・編制について、あらゆる事態に臨機応変に対応できるのか否か再検証の必要が問われているといえるのではなかろうか。

誰もが非三位一体戦争に巻き込まれる

第二章〔誰が戦うのか〕では、クラウゼヴィッツの功績を傑出したものとして評価する。そのうえで、クラウゼヴィッツのいう「憎悪や敵意をともなう暴力行為」（国民）、「確からしさや偶然性といった賭けの要素」（将軍と軍隊）、「政策のための手段としての従属的性格」（政府）の三要素からなる三位一体戦争は戦争のいくつもある形態の一つであり、ウェストファリア条約（一六四八年に締結された三十年戦争の講和条約）以降に出現した形態にすぎないという。将来に目を向けるならば、クラウゼヴィッツ的世界観は時代遅れであり、現在起こっている低強度紛争は非三位一体の戦争であると断じる。そして、誰もがこの非三位一体戦争に巻き込まれる可能性があり、それを認識できない人間はよほどの馬鹿か先の見えない人間に違いないとまで言いきる。

この点は、日本人には少し理解しがたい過激な発言に聞こえるかもしれない。だが、現実に二〇〇一年のアメリカ同時多発テロ事件において、日本人二四人が亡くなっている事実もある。さらに、二〇一三年一月にはアルジェリアにおいてイスラムゲリラが天然ガスプラントを襲撃し、一〇人の日本人が命を落としている。こうした事件に対して、いや、それは海外での事件に巻き込まれただけではないかと考える方もいるかもしれない。

そうした方には、一九八〇年代末期から一九九〇年代中期にかけて起きたオウム真理教事件を思い出していただきたい。一連の事件では二九人が死亡している。日本国内の世論やマスコミ報道からすれば、これは「刑事事件」であり、「戦争」ではない。しかし、諸外国、特にアメリカにおいては「狂信的カルト団体によるテロが行われた」と報道されている。なぜなら、事件の首謀者たちは毒ガス（サリン）を製造し、実際にそれを使用、小銃はもとより戦車等重火器をロシアから入手しようと画策、さらにそれらを使って政府の転覆（クーデター）を計画していたからである。こうした諸外国の報道を過敏な反応ととらえるか、逆に日本国内での刑事事件としての扱いを楽観的な反応ととらえるべきなのかは、読者に是非考えていただきたい点である。いずれにせよ、日本人が何らかの低強度紛争を含む、あらゆる無差別的破壊行為と無縁と考えるのはあまりに楽観的すぎるだろう。実際、日本の警察庁は二〇〇一年のアメリカ同時多発テロ事件以降、国際テロ対策に力を入れ、現在も積極的にこれを推進している。

ルールのない戦争は不可能

第三章〔戦争とはどういうものなのか〕　二〇世紀には二つの「総力」世界大戦があり、その結果大量殺戮《さつりく》と大量破壊が行われた。クラウゼヴィッツによれば、戦争法規は「自ら課した抑制であり、言及するだけの価値はない」のだが、クレフェルトはルールのない戦争は不可能であるという。例えば、捕虜の取り扱いについて、時代によって違いがあるにせよ、つねにルールは存在していたし、非戦闘員（一般市民）の取り扱いについてもまた同様である。武器については、時代とともに「卑劣」な武器の概念が変化しているが、こと毒ガスのような「身の毛もよだつと考えられる兵器」は嫌悪の対象となり、それが自己抑制につながるのかもしれないとしている。そして、戦争法規の目的は、クラウゼヴィッツやその信奉者たちが考えたように、ただ心優しき少数者の良心が痛まないようにすることではなく、軍隊自体を守ることにあると述べている。

常軌を逸した超非日常である戦闘の場において最も重要なことの一つは、規律と士気をいかに保つかであり、それが現場指揮官の命題となる。後段にもあるように、多くの人間は「相手を殺す」ことそれ自体を目的に戦争を遂行できないし、もしそうするとすれば、それは殺人という名の犯罪である。

兵器についての国際的な抑制の動きを見てみると、有名なハーグ陸戦条約や特定通常兵器使用禁止制限条約がある。また、主要保有国が締結に参加していないなどの課題はあるものの、対人地雷禁止条約（一九九九年三月発効）やクラスター爆弾禁止条約（二〇一〇年八月発効）が幅広く締結されている。これらは結果としてクレフェルトの論を証明しているのかもしれない。

現代の軍隊は恐竜と同じ運命か

第四章〔どのようにして戦うのか〕では、戦略の多様な側面を明らかにしようとしている。軍隊の創設について、兵士と装備の二つの要素を絡めて歴史的経緯をたどって述べられている。強力な軍隊は強力な指導者集団と彼らによる計画と実施によって編制されるが、この軍隊の障碍《しょうがい》となるのが「硬直化」「摩擦」「不確実性」であると指摘する。この三要素は組織の規模の肥大化と正比例するため、現代の軍隊は恐竜と同じく滅びの運命にあると警告する。なかでも、「不確実性」については、できるだけコントロールできるようにすることが肝要であるという。そして、戦争とは、戦略（集中と分散、効率と有用性、相手を欺く術など）と武力行使によって相手に勝利することにほかならないが、加えて精神力とそれを支える戦う意味と意義が重要になっていくと語っている。

こうした指摘は軍隊に限らず、肥大化したあらゆる組織に当てはまるだろう。ただ、巨大であるが故のスケールメリットもあり、これを維持しつつ「硬直化」「摩擦」「不確実性」をいかにコントロールしうるかがマネジメントのカギではないか。組織再制や分割と統合による現代的軍隊の運用については各国で多角的な研究が進められており、必ずしも「滅びの運命」にあるとはいえまい。しかし、この課題に直面してもなお何もしない組織があるとすれば、それは絶滅した恐竜と同じ運命をたどることになるかもしれない。

大義を持つ組織には勝てない

第五章〔何のために戦うのか〕 戦争とは「外交とは異なる手段を用いて政治的交渉を継続する行為である」というのが、クラウゼヴィッツ的世界観である。過去の歴史を振り返ってみると、中世において政治は力ではなく正義に基づいており、武力衝突はルールの枠内で存在し、そのルールを補強する手段であると考えられていた。古くは旧約聖書に聖戦に関する記述があり、開戦の動機でみるかぎり、近代初期までヨーロッパにおいて宗教戦争は戦争の最も重要な形態であり続けた。また、イスラム教における聖戦（ジハード）という考えは依然として人々の間に強い影響力を持っており、その名の下にしばしば戦争やテロ行為が行われている。さらに、自分たちの「生存をかけた戦争」というものがあるという。クレフェルトは、ベトナムにおけるアメリカ軍、レバノンにおけるイスラエル軍を引き合いに出し、クラウゼヴィッツ的戦争観を持って単なる利益のために戦争を始める組織は、戦うべき大義を持つ組織に多くの場合敗北するだろうと指摘する。

戦争の目的が何であるかによって、明らかに戦い方は変わってくるし、兵士の士気にも大きな違いが生じることはいうまでもない。おそらく「利益」を目的とした時点で、費用対効果を勘案して投下できる軍隊の規模や予算額、その手段などがおのずと限られてくることにも起因するのかもしれない。

「なぜ戦うのか」という深遠な問い

戦争は自分たち自身が報復として殺されることを覚悟した時点で始まる。そして、その目的を果たすための唯一の方法が命をかけることである――これがクレフェルトの主張である。

第六章〔なぜ戦うのか〕では、戦略ではなく、人間の心情について論じている。人間が食べたり寝たりするのと同じくらいに、戦争はそれ自体が目的であり楽しいものである。そして、唯一性行為が戦争に近いとまで語っている。戦争は真剣さを最高の形に表現するものであり、遊びであるともいう。

危険と抵抗は戦争の前提条件であり、不確実性は武力衝突が存在するための条件である。結果がわかっていれば、ほとんどの場合、戦闘は行われない。また、女性の社会進出が軍隊にまで及んでいるが、それは結果として軍隊の無力化を生むだろうといい、戦争は政治ではなくスポーツの延長であると結論づける。

この章については異論を唱えたくなる読者も多いだろう。この戦争に対する基本的な考え方についてはクレフェルトの別著『戦争文化論』も参照していただきたい。人間はどうしても自己分析をする時、自身の中にあるドロドロとした心理の闇部分や邪悪な側面について無意識に避けたり、あまりの事態の苛酷さに目を背けて全否定をしたくなったりするものである。しかし、敢えてそこにクレフェルトは切り込んで考察を行っているのである。まかり間違えば激烈な非難を浴びる可能性さえあるのであり、このような考察を行ったこと自体大変勇気ある行為ではないかと考える。この第六章についての判断は読者一人ひとりが出すしかあるまい。なぜならばこの章は戦争論を通り越し、人間哲学や深層心理学といった学問分野か、あるいは人間観、哲学、人間の存在論にもつながっている重厚なものであるからである。戦争というものを本当に直視しようとすれば、避けて通れないテーマではないかと思われる。

戦争の将来と「山岳に隠れた老人」

第七章〔戦争の将来〕で、クレフェルトは将来の戦争について、テロリスト、ゲリラ、山賊、強盗と呼ばれているような集団によって行われるだろうと予測する。そして、軍隊は戦争に関する法律を理解し、時代や場所による変化にも対応しなければならないという。さらに、武力衝突は宇宙ではなく地上で、コンピュータ同士ではなく人間同士によって戦われ、それもより原始的な戦いになり、「何かのため」という明白な目的を持たずに行われる例が増えるだろうとしている。

戦争をやめさせるには、一、あらゆる危険を冒したいという男たちのやる気、熱望を根絶する。二、戦争の結果を前もって確実にするぐらい政府の権力を強化すること。三、女性を戦争に参加させること。以上の三つを推察として挙げている。

「山岳に隠れた老人」という表現があるが、これをみると多くの方がアルカイダの精神的指導者であり、その個人的財力で反米組織を作り上げたウサーマ・ビン・ラディンを思い起こすのではないか。あるいは、現在もアフガニスタンで活動していると言われているタリバーンのムハンマド・オマルかもしれない。いずれにせよ彼らの存在はアメリカにとっては悩みの種であり、特にビン・ラディンについては二〇一一年五月二日にアメリカ海軍の特殊部隊Navy SEALsを中心としたメンバーに殺害されるまで、一〇年近くにわたって捜索が続けられていた。一方でビン・ラディンの殺害によってテロ攻撃の可能性がなくなったわけではなく、真の意味での勝利とはいえないとの声も強い。クレフェルトの予測したとおり、まだまだテロとの戦いは今後も続きそうである。

現代の世界観を基に戦争論を再構築

本書を読み解く際にいくつか注意したい点がある。これまで多くの批評や紹介がなされているが、そのなかには「クラウゼヴィッツへの批判書」のような論評も見受けられる。しかし、それはやや的外れな気がする。孫子やリデルハートの戦略思想を高く評価するクレフェルトは、それ以上の敬意をもってクラウゼヴィッツを歴史上最も優れた戦略思想家として認めている。しかしながら、クラウゼヴィッツ的世界観を盲信し、目の前の現実を直視しようとしない人々に対しては容赦のない批判を展開している。その意味では、「戦争」そのものを偏見なくありのまま再検証し、現代の世界観を基に戦争論を再構築しようとした著書といえるのではなかろうか。

もう一つは「日本語版への序文」にクレフェルト自身が書いているように、一九八九年から一九九〇年に書かれたものである点だ。つまり、当時の世界観がそのまま反映されている。わかりやすい例を挙げれば、ソヴィエト連邦はまだ崩壊しておらず、二〇〇九年に終結した「スリランカでのタミル人ゲリラの紛争」は続いていたのである。こうした点を考慮しつつ読み進めることで、理解はより深いものになると思われる。

一九九一年の刊行当時は賞賛よりも否定的な見解や厳しい批判にさらされたようである。それが時を経て時代が移り変わるにつれて、世の中がクレフェルトの示唆したとおりに進行するのを目の当たりにした人たちによって評価が高まり、名著として位置づけられるようになった。

確かに、クレフェルトは極力公平かつ客観的に事象を分析し論じようとしているが、それによって導き出される結論は帰納的ではなく、初めから彼の頭の中に演繹的に創出されており、それを後追い的に証明したように思えるものが数多くみられる。だが、実際にその後の世界が彼の予言したとおりになっている部分があることは誰も否定できないだろう。我々にとって重要なことは本書を予言の書として読むことではなく、彼が現在の世界の戦争の在り方の一部を予言しえた要因は何であるかを読み取ることではないかと考える。なぜクレフェルトは当時の人々が考えも及ばなかった「テロとの戦い」という新しい形の戦争を予測できたのか。彼が戦争というものを見る時にどのような要因《ファクター》を重視して分析や予測を行っているのか。

できることならば、先に挙げたもう一冊の『戦争文化論』と併せてクレフェルトの「戦争観」に触れていただきたい。我々日本人に欠けたリアリズムに基づく彼の戦争論考察の中には、生存のための知恵・知識・哲学が多数含まれている。これからますます世界のグローバル化は進行するであろうし、すでに経済としての国境はあいまいになってきている。一方で我が国周辺での「国境」に関する外交問題は課題が山積状態である。これからの日本の在り方を考え、日本が世界の中で生き残っていくための知恵を、ぜひクレフェルトの言葉の中から見つけ出していただきたい。四方を海に囲まれた我々日本人は、四方を敵に囲まれた国の人からきっと何かを学べるはずである。

■テキスト

『戦争の変遷』石津朋之監訳、原書房、二〇一一年

■クレフェルトの言葉

戦争とは、誰かが誰かを殺して始まるのではないのであって、自分たち自身が報復として殺されるのを覚悟した時点で始まるのだ。　（第六章）

＊

我々が戦争をする本当の理由は、男たちが戦争を好み、女たちが自分たちのために戦う男たちを好むからである。　（第七章）

＊

将来の戦争は、今日我々がテロリスト、ゲリラ、山賊、強盗と呼んでいるような集団によって行われることになるだろう。　（第七章）

野中郁次郎
小針憲一

10 グレイ『現代の戦略』（一九九九年）

「戦略」というのは時代と場所を超えて普遍的なものである。そしてその「戦略」について考える場合に、現代でも参考になるのがクラウゼヴィッツである……このような保守的ともいえる立場から英米の戦略論をリードしてきたのが、コリン・グレイ（Colin S. Gray, 1943〜）であり、その議論をまとめたのが『現代の戦略』（*Modern Strategy*）である。イギリスとアメリカの二重国籍を持つグレイは現在イギリスのレディング大学の教授であり、一九八〇年代にはアメリカで政策へのアドバイスを行った経験を持ち、主に核戦略の理論家として名を馳《は》せた人物である。本稿ではこの戦略の実践家としてのグレイの主著を解説しながら、現代における戦略論の一つの可能性というものを分析していきたい。

グレイの経歴

コリン・グレイは、一九四三年にイギリスのエンジニアの家庭に生まれた。幼少のころからヨーロッパの戦史に興味を持っていたが、経済学を専攻していたマンチェスター大学在籍中に国際政治の分野に開眼し、オックスフォード大学に進んで「アイゼンハワー政権の対外政策」というテーマで博士号を取得している。イギリスやカナダの大学で教えた後に、ハーマン・カーン（Herman Kahn）が新しく設立したニューヨークのハドソン研究所で、安全保障分野の研究員として戦略家としてのキャリアをスタートさせた。

戦略を実践的に活用するという信念から、グレイは積極的な政策アドバイスも行っており、自らシンクタンクをワシントンで二つ設立したほか、一九八二年から共和党レーガン政権下の軍備管理軍縮局で戦略アドバイザーを五年間務め、この時は主にソ連の核戦略についての分析を行ったり意見を進言していた。その後も二重国籍保持者という立場を活かしながら米英両政府の公式・非公式アドバイザーを続け、一九九〇年代半ばには祖国であるイギリスに戻って北東部のハル大学の教授となり、二〇〇〇年からは南部のレディング大学に移って教え続けている。

グレイは本書の他にすでに二〇冊を超える単行本や十数本の政府向けの報告書、そして数百本にも及ぶ論文や記事を書いており、かなりの多作家だ。ただし日本ではそれらの著作がいままで大々的に紹介されたことはなく、解説書に記述があるほかには、著作は比較的マイナーな二冊が邦訳されているだけだ（『核時代の地政学』『戦略の格言』）。代表作は本稿で紹介する『現代の戦略』だが、その他にも戦略研究の教科書の編集に関わったものや、個別の戦略問題を戦略の思想から論じたものが多い。学界に登場した当時は、冷戦構造下における核ミサイルの配備に関する問題を含む「軍拡競争」（arms race）の分野で積極的な発言を行っていたが、軍事戦略の理論そのものにも強い関心を示しており、とくに専門の核戦略論では、「アメリカは核兵器を持っているわけだから、それを使ってソ連に勝利する理論を考えておかなければならない」とする、いわゆる「核戦争闘士」（nuclear war fighter）の立場を表明して、学界で大論争を巻き起こした。他にも戦略文化、航空戦略、シーパワー論、スペースパワー論、特殊部隊論、そして地政学などの分野についても積極的に論じており、それぞれの分野で著名な論文を残している。本稿で紹介する彼の主著にもそのような論文のエッセンスが色濃く反映されており、その意味でこのグレイの『現代の戦略』は、彼のそれまでの議論の集大成であると同時に、それ以降に発表された著作の出発点という性格も兼ね備えた重要なものだ。

『現代の戦略』の概要

このグレイの主著は、本文だけで三六〇頁を超える大著である。全一三章から成り立っており、しかも一つの仮説をさまざまなケースに当てはめて検証していくという、いわば博士論文のようなしっかりとした構成になっている。

序章ではまず本全体のメインテーマである「戦略は、時代と場所に関係なく普遍的なものである」という主張が述べられ、社会科学的な視点から「戦略」というものを理解するために、著者は六つの質問、たとえば「二〇世紀において戦略の何が変わった／変わらなかった？」といった「戦略の普遍性」について問いかける質問を提示する。これらの質問を念頭におきながら、各章で戦略のさまざまな側面について検証し、最終章で再びこの六つの質問を振り返る形をとっている。

まず序章では、本文の中で使われる戦略の定義が「政治目的のための軍事力の行使、もしくはその行使についての脅し」であること、そして本書はそのまま政策決定のヒントとして使えるものではなく、あくまでも戦略そのものを理解するための「教育書」として書かれたことなどが強調されている。また、この中で使われるほとんどの事例が、いくつかの例外を除けば二〇世紀のものであることが述べられており、正確にいえば、本書の正しい著作名は「〝現代〟の戦略」ではなくて、むしろ「〝二〇世紀〟の戦略」であるということは特筆すべきかもしれない。

第一章は「戦略とは何か」という根本的な問題を、クラウゼヴィッツの戦略理論をベースにして縦横無尽に議論を展開させている。ここではまず一九七九年にマイケル・ハワードが「戦略には四つの要素がある」と分析したことを踏まえ、グレイはそれを一七項目まで拡大させて細かく分類している。これらの要素はクラウゼヴィッツの「戦争の驚くべき三位一体」に合わせる形で三つにわけられており、一つ目のグループは「国民と政治」(国民、社会、文化、政治、倫理)、二つ目は「戦争準備」

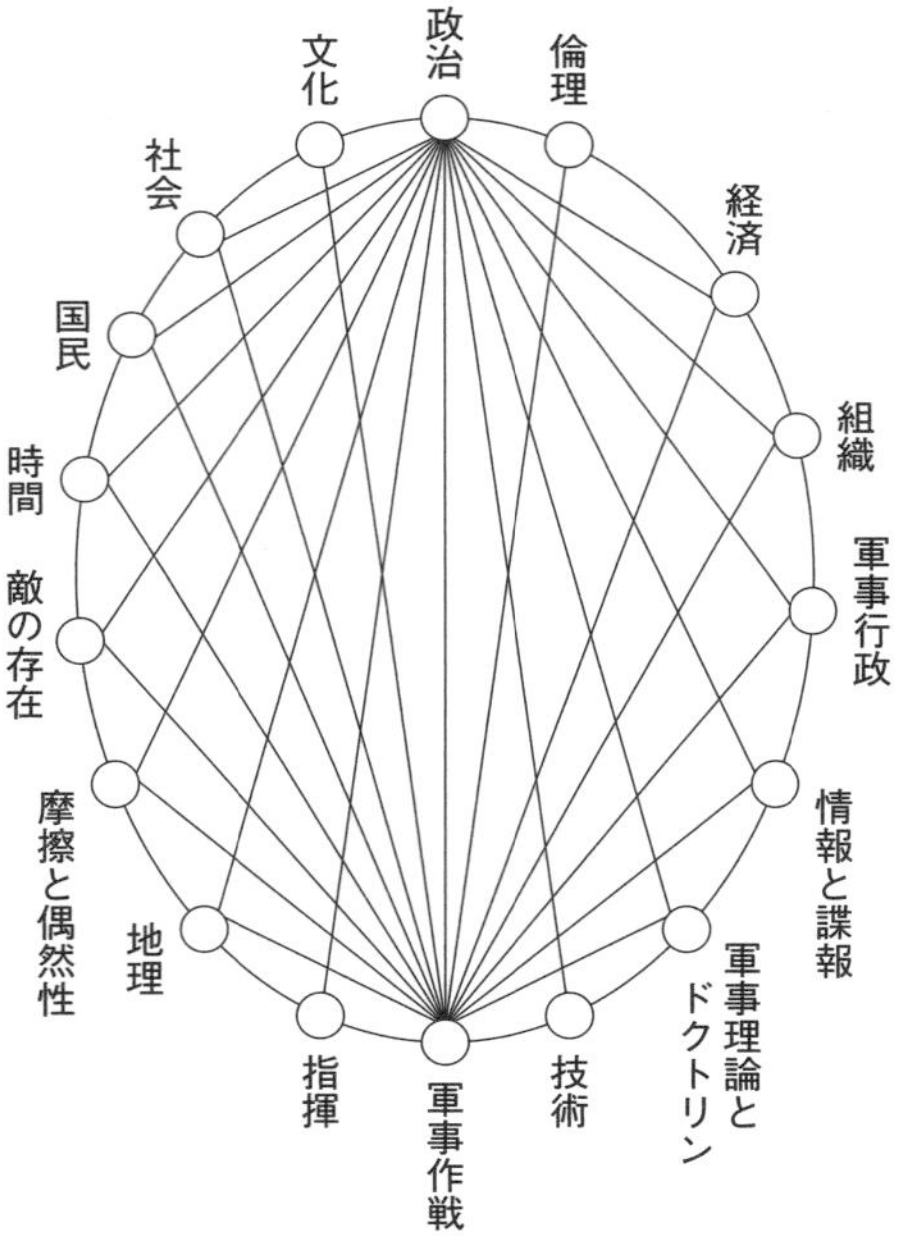

図　戦略の諸位相
(出典) C. S. Gray, *Strategy for Chaos*, Frank Cass

（経済、組織、軍事行政、情報と諜報《ちょうほう》、軍事理論とドクトリン、技術）、そして三つ目が「戦争」（軍事作戦、指揮、地理、摩擦と偶然性、敵の存在、時間）というまとまりになる。ところがこれらの各要素はあくまでも戦略全体を構成する一つの部分でしかなく、グレイは戦略をまるで複雑系のように総体的かつ相互作用的・相互補完的なシステムを構成しているものとして見る必要性を強調している。その複雑性をわかりやすくするために、著者は戦略をレーシングカーにたとえており、各パーツは必須だが、その中の一部の要素の性能（たとえばエンジン）だけが優れていてもレースには勝てないと言っている。つまりレーシングカーでは、総合力がモノを言うのであって、これは戦略も同じだというのだ。そしてグレイはクラウゼヴィッツに倣《なら》って、その要素の中でも常に政策が上位にあるべきだと強調している（前頁図参照。注：本稿では政治の優位を強調するために図の向きをタテにしてある）。

第二章では、戦略につきものである政治や倫理についての問題を取り上げ、政策というものがいかに変わりやすいものか、そして歴史的には倫理問題が戦略の遂行にあまり大きな影響を与えなかったことを論証している。

第三章と第四章ではクラウゼヴィッツの理論の優秀さを説いているのだが、とくに第三章では歴代の著名な戦略の理論家を「格付け」しており、リデルハートやエドワード・ルトワックの名を挙げつつも、クラウゼヴィッツの理論が総合力でいかに優秀なのか、そしてどのような利点と弱点を持っているのかをそれぞれ細かく分析している。

第五章ではグレイが七〇年代末から議論してきた「戦略文化」(strategic culture) について触れている。グレイは、ジャック・スナイダー (Jack L. Snyder) のような研究者と共に、当時のソ連の核戦略がアメリカ側の研究で盛んだったゲーム理論をはじめとする合理選択理論では説明できないことを指摘した、いわゆる「第一世代」に属する学者である。ところが現代の「第三世代」の学者の代表であるアラステア・イアン＝ジョンストン (Alastair Ian Johnston) は、九〇年代後半にグレイを含む「第一世代」への批判を展開しており、その内容は「文化という要因を、分析対象となるアクター (行為者) と切り離せていない」というものだった。この章ではこのイアン＝ジョンストンの批判に反論する形で、「文化とそのアクターの行動は、病気と患者の関係と同じように、そもそもはじめから切り離して考えられないものだ」と力説している。

第六章と第七章では、戦略や戦略史を社会科学の理論として分析するためのさまざまな切り口やアプローチの仕方に「戦略の〝窓〟」という名前をつけてそれぞれ列挙しており、第八章以降では、戦略が展開される軍種 (地理) ごとの戦略論を展開している。たとえば第八章では陸上戦がすべての戦いの中でも最も重要であり、しかもテクノロジーの優位が発揮されにくいことや、海洋戦略の理論家であるアルフレッド・セイヤー・マハンの主張が大枠では間違っていないこと、そして第九章では、空、宇宙、「軍事における革命」(RMA)、そしてサイバー戦などの理論を俯瞰《ふかん》しつつ、現代の地理空間においても相変わらず戦略が普遍性を持っていると分析している。第一〇章と第一一章では、自身の核戦略の理論家としてのキャリアを活かした分析を披露し、核戦争は実際には起こらなかったために、その戦略の作成には必然的にフィクション的な要素が含まれていたこと、そして実践面ではその他の大量破壊兵器も、「戦略的」な効果を狙って使用されるものだと強調している。

最後の第一三章では、序章で提出された六つの質問を振り返り、あらためて戦略の普遍性を強調し、悲観的な二一世紀の未来像を提示して締めくくっている。

架け橋・文法・論理

この本から見えてくるグレイの理論の特徴をまとめると、以下のような四つの論点に集約できる。

一つ目は、「戦略は複雑な〝架け橋〟である」というものだ。すでにご存知のとおり、クラウゼヴィッツは名著『戦争論』において、実際の軍事行動もすべては政策の延長であり、軍事行動よりも常に政治・政策が優位に立たなければならないと説いたことで有名だ。これはつまり、クラウゼヴィッツが「戦略には上下の階層が存在する」という前提に立っているということを示唆しており、グレイはこのクラウゼヴィッツの政治優位という枠組みを認めつつ、ルトワックの戦略の分析法に倣って、戦略を考える際の構造を、上から順に「世界観」→「政策」→「大戦略」→「軍事戦略」→「作戦」→「戦術」のように六つのレベルに分けることを提唱している。これを最初に明確にしたのはもちろんクラウゼヴィッツであり、「政策」は王様や大臣が行うもの、「戦略」は将軍、そして「戦術」は現場の指揮官が担当すべきものだとして、大きく三つに分けていた。

これを踏まえたグレイにとっての「戦略」とは、国家の政府などが政治レベルで実行する「政策」と、実際の軍事行動を動かす「戦術」というレベルをつなげる「架け橋」という微妙な立場にある概念となる。ようするに、戦略家は軍事だけを考えてもいけないし、かといって政策だけを考慮して軍事を軽視するのも問題だということだ。すでに述べたように、グレイは戦略に一七の要素があると説いており、このような複雑さがからんでくるために「戦略は難しい」ということになる。

二つ目は、クラウゼヴィッツの「戦争の〝文法《グラマー》〟」と「戦争の〝論理《ロジック》〟」という区別をベースにして、効果的に分析を行っている点だ。グレイの分析はクラウゼヴィッツの分析に倣って、戦争は時代ごとや戦争ごとの「独自の方法」、つまり〝文法〟が存在するために変化するものだが、その本質である〝論理〟は変わらないとして、この分析をアメリカの国防関係者に見られるテクノロジー楽観論を批判するためのツールとして多用している。

たとえばアメリカの国防関係者たちは、ベトナム戦争時代には「火力」によって、そして九〇年代からはIT技術の主導によるRMAによって、複雑な戦略問題を解決できるものだと楽観視してきたが、グレイはこれを非常に問題視している。なぜなら戦争の形（キャラクター＝〝文法〟）は、時代や状況やそれに使われるテクノロジーや手段（騎馬戦、核兵器、テロ、特殊部隊、通常兵器による大部隊など）でいくらでも変わる。ところが「戦争や戦略の本質」、つまりそれがあくまでも「政治的な活動である」という本質（〝論理〟）は変わらないため、いくら核兵器のような大量破壊兵器で多くの敵を死に至らしめても、政治的に相手を屈服せしめないかぎり、テクノロジーによって劇的に変化する「文法」は意味がないことになる。

これはいわば「変わること」と「変わらないこと」を区別することの大切さを強調しているのだが、グレイはこの戦争の「変わらないこと」の部分を、クラウゼヴィッツの理論を使って強調する。

戦争の普遍性と実践重視の理論

三つ目は、「戦争の普遍性」である。これも上の〝論理〟の部分と密接に関わっているのだが、グレイによれば、戦争はいくら戦い方が変化しても「戦争」であるという事実は不変であり、その本質（論理）は「変わらない」ものだ。そうなると、テロやゲリラ戦に注目が集まったおかげで近年流行している「非正規戦／正規戦」という区別には、大きな意味がなくなるという。冷戦が終了してからの一〇年間に内戦型の「新しい戦争」（new wars）が始まったという意見が九〇年代に欧米で大きな盛り上がりを見せたが、グレイはあくまでも戦争というのは終始一貫して政治行為なのであり、もしそれが政治行為でなければ、テロなども単なる破壊的な犯罪行為でしかないと分析している。

また、この「新しい戦争論」への批判の延長として、グレイはマーチン・ファン・クレフェルトの『戦争の変遷』などで展開されている議論についても批判している。たとえばクレフェルトはクラウゼヴィッツの理論の重要性を認めつつも、その戦争の理論の中核を成している「戦争の驚くべき三位一体」、つまり国民／軍隊／政府という三つの関係は、最近のテロ組織のような非政府機関が起こす紛争のケースには当てはまらないために、クラウゼヴィッツの理論はすでにその歴史的役割を終えたとしている。ところがグレイはクレフェルトをはじめとする「新しい戦争」の論者たちは、クラウゼヴィッツの国民／軍隊／政府という「二次的な三位一体」にしか注目しておらず、その根底にある感情／偶然性／理性という「一次的な三位一体」を理解せずに読み違えていると示唆している。

また「戦争の普遍性」と関連して、著書の最後で「二一世紀も二〇世紀と同様に戦争が頻発するだろう」という悲観的な議論を展開しているのも特徴的だ。この議論を発展させて、グレイは後に『血みどろの世紀、再び』(*Another Bloody Century: Future Warfare*)という本を書いているほどだ。ところが最近は人類の暴力発生の頻度が時代の進行とともに著しく減少しているという進化心理学者のスティーヴン・ピンカー(Steven A. Pinker)のような分析も出てきており、二一世紀の国際政治についての楽観論も盛り上がっている。ただしピンカー自身は、戦争のような国際的な暴力が再び復活してしまうという、いわゆる「バックスライディング」(後戻り)の問題があることも認めており、悲観的なグレイの予測が当たってしまう可能性も否定しきれないという事実は残る。もしグレイのほうが正しければ、戦争というのは人間の本質が「変わらない」ために、今後も存在し続けることになり、結果的に「戦争の普遍性」は正しいまま生き続けることになる。

四つ目は、グレイが「戦略家」という立場から実践重視の議論を行っていることだ。日本で「戦略家」といってもわれわれにはいま一つイメージしにくいところはあるが、グレイはこれを民間の国防アナリストや、政府への軍事アドバイザー、という意味で使っている。彼らは戦争の危険があるからこそ存在するのであり、その視点は紛争が起こることを想定した世界観を持っているという意味で「現実主義者」(realist)である。また彼らが使う理論は、徹頭徹尾「実践重視の理論」でなければ意味がないことになる。日本では安全保障のかなりの部分をアメリカに依存しているために、このような国防における実践の理論についての議論からある程度目をそらすことができているが、グレイのような米政府にアドバイスしていた立場としては、自分たちの意見が直接西洋文明や国家の生死にも関わってくるという意識を持っているために、あくまでもその姿勢は真剣なのだ。

それに関連して興味深いのは、グレイ自身が自らのインサイダーとしての体験から、冷戦時のアメリカの戦略家たちの立場を代弁しているともとれる箇所が、とくに後半の第一一章や第一二章で見受けられることだ。すでに述べたように、グレイ自身は八〇年代にレーガン政権で核戦略の作成に関わっていたのだが、このような悪魔的とも非難されるような任務については、「自分たちはすべての状況が明確ではない中でベストを尽くしただけである」と弁明しており、それらはすべて後付けの勝手な非難であると反論している。そしてこのような非難は、第一次世界大戦の当時の塹壕《ざんごうせん》戦の戦術で大量の犠牲者を出した戦略家たちにも向けられたとして、戦略家の任務の難しさをあらためて説明しているのだ。

核戦略の特殊性も、さらに問題を複雑にしている。たしかに広島と長崎の後には核兵器は戦争で使われておらず、しかも核兵器の応酬という「核戦争」はまだ一度も発生していないため、「核兵器でいかに戦うのか」と考える立場の人間としては、どうしてもその計画の中に「推測」を含む必要性が出てくる。いいかえれば、戦略家は常に情報の不足した「戦争の霧」

の中で戦略を考えなければならないということであり、そこには常に不確実性がつきまとうことになる。グレイは、そのような戦略の根本的な難しさを正しく教えてくれている理論家はクラウゼヴィッツだけであり、だからこそこのプロシアの軍人が他の理論家たちよりもはるかに大きな説得力を持っていると力説するのだ。グレイが「新クラウゼヴィッツ主義者《ネオ・クラウゼヴィッツィアン》」と呼ばれるゆえんはここにあると言えよう。

もちろん『現代の戦略』にも批判を招くような点がいくつかある。気になるところはその冗長や繰り返しともとれる長い文章や、クラウゼヴィッツをやや神格化している傾向が見られる点だ。しかし最も気になるのは、最近の戦略学で存在感を増しているインテリジェンスの役割について、当のクラウゼヴィッツと同様に、ほとんど論じていないという点かもしれない。また、『孫子』のような指針を記した形で書かれているわけではないために、そこから具体的にどのような戦略を選択すべきかが見えてこないという難点もある。つまりこの本もクラウゼヴィッツの『戦争論』と同じように、あくまでも教育書や哲学書という性格が強く、結果としてクラウゼヴィッツの「注釈書」であると同時に、そのエッセンスを先鋭化させた「現代版」という性格が強い。

その後の研究に与えた影響

『現代の戦略』がその後の戦略研究に与えた影響はかなり大きいと言える。とりわけ二〇〇〇年代以降に書かれた英語圏における戦略の理論についての論文では、この本が必ず引用されている。また英語圏の士官学校や安全保障論をもつ教育機関の講座では、グレイが編者の一人として関わっている戦略学の教科書として扱われているものの初版は、『現代の戦略』と構成的にも非常に似通っている。それ以外にも、米軍周辺で戦略論を研究する技術重視の傾向に批判的な、いわゆる「保守派」の議論の論拠として引用されているほか、イギリス政府における核兵器の維持、アメリカを中心とした軍事トランスフォーメーションやサイバー戦の理論の議論に間接的に使われている。また、宇宙関連の理論の基礎的な枠組みを提供したという点で引き続き強い影響を与えている。

残念なことに『現代の戦略』にまだ邦訳はないのだが、グレイの他の著書には一九八〇年代に地政学について書かれた小論文（モノグラフ）が『核時代の地政学』として出版されているほかに、いくつかの論文、そして『戦略の格言』という本が出版されている。このような実践的な新クラウゼヴィッツ主義者の戦略家の考え方に興味のあるかたは、ぜひそちらも併せてお読みいただきたい。

■テキスト

Modern Strategy, Oxford University Press, 1999［未邦訳］

■グレイの言葉

戦略とは、軍事力を政治の目的につなげる架け橋である。 （第一章）

＊

戦略とは、政策目的のために「力」、もしくは力の「威嚇」を用いることだ。 （第一章）

＊

あらゆる時代のすべての戦略史には、そのエッセンスに一貫性がある。なぜなら戦争と戦略の本質や機能の決定的な部分は何も変化していないからだ。 （イントロダクション）

＊

近代の大国間の歴史が示しているのは、どの戦いも優れた武器のテクノロジーを持っていた側が勝ったとは言い切れないということだ。 （第一章）

＊

単純にいえば、クラウゼヴィッツは他のすべての理論家たちよりも説得力を持っている。

⑩ グレイ『現代の戦略』

（第三章）奥山真司

11 ノックス&マーレー『軍事革命とRMAの戦略史』(二〇〇一年)

インターネットの商業利用の普及など一九九〇年代にいわゆる情報革命がはじまり、コンピュータ・ネットワークなどの情報通信技術を軍事分野に利用する動きのなかからRMA(Revolution in Military Affairs)の概念が生まれた。防衛庁防衛政策課の二〇〇〇年の報告書は、現段階のRMAを情報RMAと定義している(防衛庁防衛局防衛政策課研究室『情報RMAについて』平成十二年九月)。また米国統合参謀本部の *Joint Vision 2020* は、情報ネットワーク中心型の戦争遂行(network centric warfare)や情報優勢(information superiority)を主題にしている。テクノロジーが軍事分野で革命的な変化を起こしたのは今回の情報技術がはじめてではない。RMA概念の歴史的な検討というのは必然的な研究テーマである。

マクレガー・ノックス(MacGregor Knox:ロンドン大学LSE教授)とウィリアムソン・マーレー(Williamson Murray:オハイオ州立大学名誉教授)を編著者とする『軍事革命とRMA

の戦略史』(*The Dynamics of Military Revolution, 1300-2050*)は、RMA概念に対する軍事史の専門家八名による論集である。テクノロジー主導のRMA概念に対して、彼らの仮説は次のように懐疑的である。

われわれは戦場の非対称的な優位性が、科学技術や産業技術をいちはやく活用することから生まれると想定しがちであるが、戦史を検討するかぎりテクノロジー優先の見方は誤りである。またテクノロジーに依拠した線形的な将来予測によって次の戦争に成功した国はない。むしろ直近の——つまり終わったばかりの、戦場の実態と戦訓を詳細に分析して、組織的な行動原理を真摯に学んだ国が、次の戦争に勝利している。戦争のテクノロジーは重要であるが、それは一つの要素にすぎない。

本書はこの仮説について一四世紀から第二次世界大戦に至る戦史研究から説き起こして検証している。

軍事革命とRMAの区別

本書の基本的な枠組みは、軍事革命(Military Revolution)とRMAの区別である。軍事革命は、広範な社会的・政治的変化から生じるもので、近代史のなかでこれまで五回生起している。すなわち、(1)一七世紀の近代国家と軍事組織の創出、(2)および(3)は同時期

準備的RMA：中世および初期近代

—長弓、攻勢的防勢戦略、火薬、新式築城術

軍事革命1＝17世紀の近代国家と近代的な軍事組織の創出

これにともなう、また結果としてのRMA

—オランダとスウェーデンの戦術改革、フランスの戦術および組織的な改革、海軍の革新、英国の財政的革新

—7年戦争に継続するフランスの軍事改革

軍事革命2および3＝フランス革命および産業革命

これにともなう、また結果としてのRMA

—国家による政治的、経済的動員、ナポレオン戦争（戦場における敵軍事力の殲滅）

—産業革命による財政、経済力（英国）

—陸上戦闘と輸送手段における技術革命（電信、鉄道、蒸気船、速射の可能な無煙火薬による小火器および火砲、自動装塡）

—海上戦闘におけるフィッシャー提督の改革、大口径火砲のみを搭載した戦艦および艦隊

軍事革命4＝第一次世界大戦：先行する三つの軍事革命を結合

これにともなう、また結果としてのRMA

—諸兵科統合戦術（combined-arms tactics）と作戦、電撃戦（Blitzkrieg）、戦略爆撃（strategic bombing）、航空母艦の作戦（carrier warfare）、潜水艦戦（submarine warfare）、水陸両用戦（amphibious warfare）、レーダー、無線・暗号などの情報戦（signal intelligence）

軍事革命5＝核兵器と弾道ミサイルによる運搬システム

これにともなう、また結果としてのRMA

—精密偵察と攻撃、ステルス、指揮統制におけるコンピュータ化とコンピュータ・ネットワーク、きわめて殺傷力の高い通常兵器

表　RMAと軍事革命

に起こったフランス革命と産業革命、（４）第一次世界大戦、（５）核兵器である。これに対してRMAは、この五回の軍事革命にともなって軍事組織が試行したもので、その実現には多大の困難をともなった。第一章〔戦争における革命的変化についての考察〕の「表　RMAと軍事革命」で、両執筆者は軍事革命とRMAの関係を、前頁のようにまとめている。

この表は二つの面から示唆に富んでいる。第一に、西欧を起源とする国民国家のグローバル化としての近代化が軍事面からうまく整理されている。一七世紀以降、国際社会のメンバーとなった国家は、この表の示す軍事革命の推移に巻き込まれるかたちで近代化としての軍事化を進めてきたのである。第二点として、ノックスとマーレーはRMAを技術的なものであるのと同時に、制度的、組織的なものとして考えている。RMAの直接の契機が科学技術や産業技術のイノベーションだとしても、それは軍事組織を包含する社会の全般的状況と無関係ではない。実際に情報RMAは社会状況としての情報革命の軍事面への適用であった。ノックスとマーレーの図式のなかの、「軍事革命にともなう、また結果としてのRMA」との記述は、この点を表しているのであろう。

編者がRMAの実態を検証するために選んだ軍事史のテーマは八つである。（１）英国の一四世紀のRMA：エドワード三世と英仏百年戦争〔第二章〕、（２）ルイ一四世による一七世紀のフランスの軍制改革〔第三章〕、（３）フランス革命とナショナリズム〔第四章〕、（４）

米国の南北戦争〔第五章〕、（5）プロイセンのRMAと普墺・普仏戦争〔第六章〕、（6）第一次世界大戦に至る英独の建艦競争〔第七章〕、（7）第一次世界大戦〔第八章〕、（8）電撃戦と独仏戦のRMA〔第九章〕。以下、順を追って解説したい。

英国の一四世紀のRMA：エドワード三世と英仏百年戦争

第二章〔「あたかも旭日のごとく」：英国の一四世紀のRMA〕の執筆者ロジャース（Clifford J. Rogers：アメリカ陸軍士官学校教授）によれば、エドワード三世の治下（1327〜77）に英国は劇的なRMAを達成し、軍事的な三等国から欧州最強の陸戦部隊を擁する王権国家に変貌した。このRMAは技術的には強力な長弓部隊、ダブリン戦術、焦土作戦（chevauchée）、エドワード三世とその長子エドワード黒太子などの傑出したリーダーシップの組み合わせだった。

プランタジネット朝のRMAを特徴づけたのは、下馬した重騎兵を中央に置き、両翼に長弓隊を配置するダブリン戦術である。この戦術は長槍をもった中央の重騎兵が、敵部隊の突撃を制止する間に、両側から長弓隊が攻撃するもので、一三三二年のダブリン・ムーアの戦い（第二次スコットランド独立戦争）で英国側に大勝をもたらした。長弓の威力はこのフォーメーションで最大限に発揮される。RMAの技術面を成す長弓は粘り強いイチイ材から作る丈四〜六フィート（約一・二〜一・八メートル）の長大なもので、重騎兵の甲冑《かっちゅう》に対しても貫通力をもっていた。英国はダブリン戦術を踏襲し、クレシー、ポワティエ、アザンクールといった百年戦争の主要な戦闘に勝利した。

戦術的防勢にある敵側を攻勢に引き出す戦略が都市の攻囲戦と焦土作戦である。英軍の騎兵部隊(長弓兵も移動の際は騎乗する)は、敵領土に長駆侵入して大規模な放火・略奪を行い、敵部隊をダブリン戦術に引き込んだ。戦場で優れたリーダーシップを発揮したエドワード黒太子は、一三五六年のポワティエの戦いでフランス王を捕虜とする勝利を収め、カレーやボルドーなど海岸の重要都市をふくむフランス南部を支配した。ロジャースは、「(先王)エドワード二世が雇用した長弓兵は英国を軍事的な二等国に押し上げることもできなかった。ダブリン戦術、有効な戦術の考案、さらに軍事的リーダー集団の個人的な献身の結びつきがエドワード三世のRMAを実体化させたのである」と結論している。

ルイ一四世による一七世紀のフランスの軍制改革

第三章〔一七世紀のフランスと西欧の軍の形成〕の執筆者のリン(John A. Lynn:イリノイ大学教授)は冒頭で次のように述べている。「一七世紀の欧州の戦争術に、根本的な変革が生じたため、何人かの研究者は、これを軍事革命とみなすようになった。戦術から組織ヒエラルキーにいたる多くの変化によって、軍事組織は現在、近代的とみなされる性格をもつようになった。オランダとスウェーデンの最初の取り組みに続いて、一七世紀後半の動きを主導したのはフランスである。本章は、この偉大な世紀のフランスの軍事的洗練と革新について、太陽王ルイ一四世が創始した陸軍のスタイルと構成に焦点を当てながら考察する」。一七世紀の軍制改革を特徴づけたのは、フリントロック銃と銃剣の導入、連隊制度の創出、緊密な戦闘隊形による戦闘と教練、西欧の戦争術の南アジアへの展開だった。

従来の解釈によれば、一七世紀の軍事革命とは、技術的にはフリントロックのマスケット銃、つまり火縄ではなく燧石《すいせき》（flint）の着火を撃発につかう滑腔《かっこう》銃と銃剣である。滑腔銃（smoothbore）とは銃砲の銃身内に施条《しじょう》（rifling）をほどこしたライフル銃が普及する以前の小銃を指している。オランダとスウェーデンが創始した軍事革命では、中隊の編制は長槍兵と火縄銃を使うマスケット兵の混成になっていた。銃剣を付けたフリントロック銃は小銃兵と長槍兵の機能統合をもたらした。リンの評価によれば、以上のような既存の見方は戦史を単純化している。ルイ一四世が戦ったスペイン継承戦争（1701～14）でフランス軍の編制は、依然として火縄銃兵、長槍兵、フリントロック銃兵、擲弾兵《てきだんへい》の混成になっていた。一七世紀の軍事革命の本質は、（1）自制の戦闘文化、（2）教練、（3）共同体としての軍事組織となる連隊、の三点に求められる。

再装塡に時間がかかり、また照準の不正確な時代にあって、戦闘では相手方の発砲を待って、さらに距離を詰めて射撃し、相手側の戦闘隊形を崩して蹂躙《じゅうりん》する戦術が有効だった。このためには損害に耐えて戦闘隊形を維持する戦列歩兵の自制心が重要になる。歩兵に自制心を植えつけて集団の紐帯《ちゅうたい》を作り出すのが教練である。ルイ一四世は戦場で戦闘隊形を維持する重要性をよく認識しており、公務のあいまに親しく歩兵大隊の教練を監督した。緊密な戦闘隊形と兵士の自制を強調する一七世紀の歩兵戦闘の文化は、この時代に特有なもので、散兵戦と旺盛な戦意を強調する二〇世紀の歩兵戦闘とは様相を異にしている。

一七世紀に登場して近代的な軍事組織の基礎になったのは、地域共同体と結びついた連隊制度である。一六世紀の軍隊は戦争のたびに国家が雇用するもので、軍の輜重段列《しちょうだんれつ》(train)に大量の非戦闘員をともなっていた。連隊は王権の特別な許可にもとづいて、特定の地域を対象に設立するもので、成人男子のみからなる常設の規格化された軍の組織である。通常の連隊は一個もしくは数個の大隊と、大隊を構成する一定数の中隊からなり、愛郷心と結びついたアイデンティティと共同体としての名誉心を持つ。国家が設立する連隊は近代的な国民軍の基礎になった。

フランス革命とナショナリズム

本書では近代化の過程で生起した五回の軍事革命を重視している。ノックスが第四章(軍事革命としての大衆政治とナショナリズム：フランス革命とその後」でとりあげるのは、フランス革命とプロイセンの軍事改革である。軍事革命の文脈でとらえれば、フランス革命が生み出したのは国民軍とナショナリズムである。一七八九年のフランス革命からナポレオンの第一帝政に至る過程は、大衆政治の最初の大規模な紛争の期間であり、大衆動員と革命の政治的・イデオロギー的なファナティシズムが、戦争行為の目的と手段に関する既存のすべての制限を取り払ってしまった。

ノックスによれば、この軍事革命の衝撃を直接被《こうむ》った英国、ロシア、オーストリア、イタリアなど諸列国のなかで、フランスを超える軍事制度改革を実行したのがプロイセンである。クラウゼヴィッツはシャルンホルストやグナイゼナウとともに改革の中心グループの一人だった。クラウゼヴィッツの以下の言葉は、フランスの軍事革命に関する彼の認識をよく示している。「政治的ファナティシズムによって蝶番《ちょうつがい》のはずれたフランス人民すべての巨大な圧力が、われわれのうえに殺到した」。

徴兵制による市民軍の兵士は、革命と祖国の防衛について、傭兵軍にはない使命感をもっている。革命によって作り出された新しい軍隊は、一七九四年には七五万人の兵士を擁するまでになった。ナポレオンの軍隊は、強固な団結心のもとに戦場で敵軍を殲滅《せんめつ》する戦略的行動をとった。フランス軍は逃亡兵を出さずに長距離を行軍して、敵軍の側面や後背に集結した。これがナポレオンの分進合撃や縦隊、横隊、散兵を自由に組み合わせる戦術を可能にしたのである。ナポレオン自身、徴兵制の重要性をよく認識していた。ナポレオンの永続的な業績は、仏軍を国民軍にしたことと、フランスを軍事国家化したことである。

フランスに対抗するためにプロイセンが創出したのは、思考する兵士、士官および参謀組織であり、その背景にはヘーゲル哲学がいうところの教養（Buildung）の概念——市民社会の人格形成——があった。プロイセンは欧州で最初の国民皆兵制度となる兵役法を施行し、中産階級を巻き込む形で社会の軍国化をさらに進めることになった。

米国の南北戦争

南北戦争の激しさは、フランス革命の大衆政治＝国民軍と、産業革命の技術＝生産力および管理能力の結合から生じたというのが、第五章〔継続する軍事革命：米国の南北戦争〕の執筆者グリムスリー（Mark Grimsley：オハイオ州立大学教授）の主張である。南北戦争では両軍がライフル銃、装甲戦艦、鉄道、電信を活用したが、ここでもテクノロジーや戦術に過度に偏重した説明をするのは誤りである。北軍（Union）の南軍（Confederacy）に対する優越性は、戦争を支える財政基盤や大衆民主主義による動員基盤の格差にあった。

米国は国民主権概念の普及した国である。北部も南部も各々の政府とイデオロギーに一体化した教養のある政治的意識の高い志願兵が軍の基幹を担った。一八六一年に始まった戦争の拡大にともなって、両軍とも徴兵制度を導入したが、市民の自由意志を尊重する米国文化の反発が強く、報酬を目的とした徴募兵は軍の中核にはならなかった。

一八六四年にリンカーンは、信頼できる総司令官としてユリシーズ・グラントを任命し、戦争の最終段階となるオーバーランド方面作戦を開始した。グラントは北軍の数的優越性を活かして複数の戦線を連携させる戦略を採ったが、これはリンカーンの強い希望に沿ったものであった。北軍のグラントと南軍のリーは北部バージニアで消耗戦に入ったが、同時攻勢を担当した北軍のバトラーとシーゲルによるリッチモンドとストラスバーグへの遠征は失敗し、北軍は南軍を上回る損失を出して、一定の戦略的優位性を獲得するに終わった。

北部の南部に対する非対称的な優位は財政面にあった。もともと北部は米国全体の鉄鋼生産の九四%、国家全体の課税可能な財産の七五%を占めていた。明暗を分けたのは両政府の戦時財政の仕組みである。そもそも戦前の米国は税率が極端に低く、連邦の直接税は存在しなかった。また中央銀行の仕組みがなく、通貨のコントロールもできなかった。米国は米墨戦争の財政をすべて政府借入によってまかなっていた。戦時体制の移行にともなって南部は、関税に加えて不動産と個人資産に対する課税を実施したが、依然として農地と奴隷は課税対象外だった。南部政府は一種の軍票――南軍の戦勝後二年以内に額面を正金（specie）によって返済する——の発行に頼ることになり、六〇〇〇%の戦時インフレと国内社会の動揺をまねいた。

これに対して北部では財政と産業の状況に精通した企業人と銀行家のグループが登場して借入、通貨の発行、国内課税の三本柱を組み合わせた財政‐軍事革命を推進した。戦時国債についていえば、全国的な販促組織と五〇ドル単位の小口販売を実施して、一八六四年には三億六二〇〇万ドルの購入高を上げていた。

南北戦争が終結したとき政府の規模と財政基盤は一変していた。南北戦争は政府、産業、軍が密接に連携した米国政府の多元的な政治システムの端緒になったのである。

プロイセンのRMAと普墺・普仏戦争

第六章〔プロイセン‐ドイツのRMA　一八四〇〜一八七一年〕の執筆者ショウォーター(Dennis E. Showalter：コロラド大学教授)は、この分野で定評のある研究書 *Railroads and Rifles: Soldiers, Technology and the Unification of Germany* の著者である。普墺・普仏戦争を契機として、プロイセンは中欧の覇権を握り、オーストリアを退けてドイツを統一した。二度の戦勝の背景にあった技術的なRMAが、世界初の後装式軍用ライフルと鉄道による陸軍の兵員・兵站輸送であった。

ショウォーターによればRMAは既存のゲームのルールでは勝てないことを認識した軍の組織が平時に創案するものである。一八四〇年代のプロイセンはナポレオン戦争時の軍制改革の推進力をすでに失っていた。そこには市民＝公衆の政治や軍務への参加をかならずしも称揚しない反動的なプロイセン政治思想の反映があった。

ドライゼ（Johann N. von Dreyse）が発明した軍用ライフルは、紙製の薬莢《やっきょう》を使うもので、長円形の弾丸の後端に雷管をおき、長い撃針が装薬（黒色火薬）を貫いて撃発する。このため撃針銃と呼ばれた。ドライゼ銃は撃針をボルト（遊底）の中に納め、槓桿《こうかん》を操作して薬莢の装塡と排出を行う。これはボルトアクションの小銃として後代の軍用銃を先取りしたものである。プロイセン陸軍はこの発明を「天慮の賜物」として一八三〇年代から試験と装備を開始し、一八四一年には歩兵小火器として制式採用した。

ロシア、オーストリア、フランスに国境を接し、兵員数で劣勢にあるプロイセン陸軍がRMAを達成するためには、後装式ライフルと鉄道輸送との組み合わせが不可欠だった。プロイセン国内の鉄道事業は一八三〇年代から発展し、民間鉄道事業者は早くから潜在的な軍事利用を提案していた。鉄道が軍事計画に組み込まれたのは、一八五八年のモルトケ（Helmuth von Moltke）の参謀総長就任と前後する時期である。戦争での鉄道利用では事前の計画と準備が肝要になる。ショウォーターによればドイツ参謀本部は鉄道技術とともに近代的な形態に発展した。ドイツ参謀本部は主要部門の一つとして戦時の動員を扱うものとし、また鉄道局を部内に創設することによって、テクノクラートの道を歩み始めたのである。

モルトケの戦略計画の要点は、短期決戦＝制限戦争と、分進合撃の戦略機動を開戦前に開始する、という二点にあった。一八五九年にヴィルヘルム一世はローン（Albrecht von Roon）を陸軍大臣に任命して、三年間の兵役義務をふくむ国民皆兵制度を施行し、ようやくプロイセンのＲＭＡの準備が整ったのである。一八六六年の普墺戦争では、兵員数に勝るオーストリアとドイツ連邦の同盟軍に対して、プロイセンの兵員・兵站の鉄道輸送および後装式ライフル・散兵戦術が真価を発揮した。一九世紀の終わりには、鉄道とライフルによるＲＭＡは、欧州の主要国に普及し、また参謀本部の制度や一般徴兵制度による軍務は、欧州各国で一般的な軍の在り方になっていた。

第一次世界大戦に至る英独の建艦競争

大艦巨砲時代の幕開けとなったのは、列強の海軍力の増強、とりわけ英・独の建艦競争である。海軍国の新鋭艦は主砲口径、砲塔の配置や砲数、速力、装甲、航続距離などの微妙なバランスのなかで漸進的な進化を遂げた。一九〇六年に就役したドレッドノートは時代を画する戦艦だった。ドレッドノートは一二インチ（約三〇・五センチ）砲一〇門とジャイロ安定望遠照準器を搭載し、スチームタービン推進で二一ノットを発揮した。第七章〔艦隊革命一八八五～一九一四年〕の執筆者ヘルウイッグ（Holger H. Herwig：カルガリ大学教授）は、弩《ど》級《きゅう》戦艦をめぐるRMAを記述するさいに、英国とドイツの二人の海軍士官つまりフィッシャー（John Arbuthnot Fisher）とティルピッツ（Alfred von Tirpitz）から書き起こしている。海軍提督になったとき、この二人は、製鉄、化学、電気機械産業が自国の政府と緊密な協力体制にあり、また新聞メディアの大部分が巨大な戦艦を国力のシンボルと見なし、世論と政治家が海軍力の増強に支援を惜しまないことを理解していた。歴史家W・マクニールは、この時期に始まった新しい兵器の開発をコマンド・テクノロジー、つまり軍の要求仕様にもとづく兵器技術と名づけている（『戦争の世界史』）。最初のグローバルな軍産複合体として、クルップ（独）、アームストロングとビッカース（英）、シュネーデル・クルーゾー（仏）、ベスレヘム製鉄とニューヨーク造船所（米）が登場したのもこの時期である。

第一次世界大戦中、英・独の海軍力はユトランド沖海戦で衝突した。英国海軍を刷新したフィッシャー革命は、①最新技術を利用して新しい範疇《はんちゅう》の戦艦と巡洋戦艦を建造、②戦略環境の変化に即して艦隊根拠地を再編、③老朽艦を大量に退役させて予算を新型艦建造に集中、④ダートマスに新制度の海軍士官学校を創設して機関科士官の地位を兵科士官と対等にした、の四点に要約することができる。大艦巨砲主義のRMAは同時に、最大級の軍拡競争と軍事費の増大をもたらした。

第一次世界大戦と近代戦

ベイリー（Jonathan B. A. Bailey：イギリス陸軍少将）は第八章〔第一次世界大戦と近代戦の誕生〕で、戦争の近代的スタイルが第一次世界大戦で完成したと主張している。第一次世界大戦は戦車の運用と対戦車戦、航空機の空中戦闘、戦略爆撃、空中偵察、対空防衛、内燃機関による兵站輸送、野戦通信、産業社会の人的資源を総動員して社会全体を巨大な兵器廠《しょう》に転換する総力戦などの点から巨大な軍事革命となった。このなかでベイリーが注目するのは、砲兵の火力運用とりわけ諸兵科統合戦術（combined arms tactics）のなかの火砲の間接照準射撃（artillery indirect fire）概念の登場である。

火砲の間接射撃は、戦闘を戦域（theater）に拡大して、これを立体的にカバーするという意味で三次元的である。時間の概念が決定的に重要になり、とくに戦闘行動の相対的なレート（生起回数）および統合兵力を調整する同期とスピードが鍵になる。これによって敵方の決定能力を凌駕《りょうが》し、継戦の意志を圧倒するのである。このような三次元戦闘はきわめて革命的であって、一九四〇年代の機甲戦力と空軍力の統合に結びついたばかりでなく、長距離精密誘導兵器など情報時代の兵器体系も、一九一七～一八年に構築された概念モデルの補完的・漸進的な進歩としてとらえることができる。

第一次世界大戦はシュリーフェン・プランの二次元的・線形的な戦争スタイルから始まったが、戦線が英仏海峡からスイス国境まで連続するに到り、翼側から迂回《うかい》・包囲する古典的な戦略が取れなくなった。戦線を突破して縦深に攻撃する戦術として、大規模な間接射撃を創案・運用するためには、既存の砲兵ドクトリンの革新が必要となった。英・独・仏は多大の試行錯誤を経て、火砲の大規模な集中と歩兵・砲兵・戦車の統合戦術を実施するにいたった。ベイリーは第一次世界大戦の主要な会戦を例にとって、この過程を記述している。

電撃戦と対仏戦のRMA

わずか数週間の戦闘によって一九四〇年五月にフランスが敗れたのは二〇世紀の戦史の注目すべき事件である。第九章〔一九四〇年五月：独軍RMAの文脈〕のマーレーの分析によれば、独機甲師団の電撃戦のドクトリンは、一九一四～一八年の戦闘経験の精査から生まれたものであって、この点で英・仏との大きな違いがあった。

第一次世界大戦の終結と同時に、ワイマール共和国軍のトップにあったハンス・フォン・ゼークト（Hans von Seeckt）は、五七以上の委員会を設置して戦訓の徹底的な調査を命じた。この調査結果を一九三二年に『諸兵種協同部隊の統御と戦闘』としてまとめたフリッチュ

(Werner von Fritsch) とベック (Ludwig Beck) は、のちに陸軍総司令官と参謀総長に就任している。ゼークトらは、戦場では組織の上や中ではなく下と外を見る指揮のスタイルや、各階級で個人のイニシアティブを重視する独軍のカルチャーに磨きを掛けた。陸軍の機甲化と自動車化、諸兵科統合と縦深作戦は、このカルチャーに直接つながるものであり、独軍が一九一七〜一八年に、すでにほぼ完成させていたものであった。

ポーランド作戦終了後、対仏作戦の立案のなかで、アルデンヌ高地の突破を提案したのが、国防軍A軍集団参謀長のマンシュタイン (Erich von Manstein) である。侵攻の中央攻勢を担ったA軍集団の総司令官はルントシュテット (Gert von Rundstedt)、A軍集団第一九機甲軍団長がグデーリアン (Heinz Wilhelm Guderian) だった。A軍集団がアルデンヌを抜けてムーズ渡河作戦を開始した五月一二日以降の数日間が対仏侵攻作戦の山場になった。

ペタン元帥とガムラン将軍の代表するフランス陸軍は、上級指揮官が上からすべてをコントロールするもので、ドイツ側とは対照的な軍のカルチャーだった。有力な戦車部隊を擁してA軍集団の付近に布陣していた仏第二一軍は、積極的な反攻に失敗し、五月二〇日にグデーリアンの機甲部隊が英仏海峡に到達してフランスの戦闘は実質的に終結した。

軍事組織のイノベーション

本書は、戦史研究から軍事組織のイノベーションを考えるという新しい研究テーマを打ち出している。周辺の戦略環境の変化の著しいわが国の読者にも裨益《ひえき》するところが大きい。著者のひとりであるマーレー教授によれば、本書は米国では歴史家よりも戦略研究者のあいだに読者を獲得したとのことである。マーレー教授は近著 *Military Adaptation in War: With Fear of Change*（二〇一一）で同じテーマを発展させている。訳書は訳注を多く配しており、参照に便利であるが、翻訳にわかりにくいところがあり、是非、原著を手に取ることをお勧めしたい。

■テキスト

『軍事革命とRMAの戦略史——軍事革命の史的変遷　1300～2050年』今村伸哉訳、芙蓉書房出版、二〇〇四年

■ノックス&マーレーの言葉

軍事組織が直前の戦争を研究しすぎたために戦闘に負けた、というのは陳腐な通説であっ

て、実際には根拠がない。軍事組織で、一九一九年から一九四〇年の間に、成功裏にイノベーションを達成したものは、直近の軍事的事件を注意深く、徹底的に、事実関係のままに検証していた。過去と歴史を分析することは、イノベーションの成功の基礎である。

（第一〇章）

山内康英

12 ドールマン『アストロポリティーク――宇宙時代の古典地政学』（二〇〇一年）

『アストロポリティーク』（*Astropolitik: Classical Geopolitics in the Space Age*）はリアリズム、とりわけ古典地政学の諸理論を宇宙に適用した壮大な戦略論である。著者のエヴェレット・カール・ドールマン（Everett Carl Dolman, 1958〜）は、国際関係理論を専門とする米国の研究者である。二〇一三年現在、アラバマ州マクスウェル空軍基地に所在する空軍大学上級航空宇宙研究科（SAASS）の教授を務めている。もとは国家安全保障局（NSA）の分析官であり、宇宙軍（USSPACECOM）での勤務を経て、一九九五年にペンシルベニア大学で博士号（政治科学）を取得している。その後、ウィリアム・アンド・メアリー・カレッジや南イリノイ大学エドワーズビル校、ベリー・カレッジで教鞭をとり、二〇〇一年に本書を出版した際はSAASSの前身である上級航空戦力研究科（SAAS）の准教授であった。また二〇〇三年には宇宙政策に関する国際学術誌『アストロポリティクス』

(*Astropolitics*)を共同創刊するなど、同分野で大きな影響力を有している。

序論と結論を含め七章構成の本書において、ドールマンは、おおよそ三つの論点を定めている。一つ目は、古典地政学の諸理論を宇宙(太陽系)に適用すると何が言えるのか、である。二つ目は、地球周辺の空間にとどまっている人類の宇宙活動を、太陽系全体へと拡大していくためには何が必要なのか、というものである。三つ目は、太陽系全体へと宇宙活動を拡大していく上で、とりわけ米国はどのような戦略をとるべきか、である。

以下ではドールマンが、これら三つの論点に関して、どのような議論を展開しているのかを解説する。その上で、本書の有する意義について考察する。

地政学から宇宙地政学へ

ドールマンの議論は、一九世紀から二〇世紀にかけての古典地政学を宇宙に適用し、宇宙地政学(astropolitics)のモデルを構築することから始まる。まず第二章を中心に、古典地政学のエッセンスを抽出し、それらが宇宙にも適用可能であることを示す。取り上げている古典地政学の理論は、地理的決定論(geodeterminism)から地政戦略(geostrategy)、両者を組み合わせたドイツ地政学(geopolitik)まで幅広い(アストロポリティークという本書の題名もドイツ地政学、すなわちゲオポリティークに由来する。ゲオポリティークはナチス・ドイツの対外拡張政策を理論的に支えたといわれるものである。ドールマンは宇宙地政学が悪用・誤用される危険性に警鐘をならす目的で、あえてこうした題名を付けたとしている)。

だが、ドールマンの焦点は、あくまで地政戦略にある。数ある古典地政学の理論の中で、宇宙に最もよく適合し、宇宙地政学を構築する上で最も重要なものとして同理論は位置づけられている。地政戦略は、地球の一体化を促進するような新しい輸送技術の台頭が地理的条件に与える影響を考察するものである。この地政戦略の概念に沿ってドールマンは宇宙地政学を定義しており、①天文、②技術、③政治的・軍事的な戦略・政策形成の間の関係性を問うものであるとしている。

こうした認識のもとに、第三章では、地政戦略を本格的に宇宙に適用し、宇宙地政学のモデルを構築する。ドールマンが地政戦略として主に取り上げているのは、英国の地理学者ハルフォード・ジョン・マッキンダー（Halford John Mackinder, 1861～1947）と米国海軍の軍人アルフレッド・セイヤー・マハンの理論である。

ドールマンはまず、マッキンダーの理論を宇宙に適用する。マッキンダーは一九一九年に出版した『デモクラシーの理想と現実』（*Democratic Ideals and Reality*）などにおいて、文明の歴史をランドパワーとシーパワーによるせめぎ合いとして捉え、その原動力として新たな輸送技術の台頭とそれが軍事的機動性に与える影響に着目した。マッキンダーによれば、馬の

図１　マッキンダーによる地球の区分け

家畜化やあぶみの発明によって強力な騎馬隊が誕生したことで、ランドパワーが支配的となった。つぎに、航海技術が劇的に向上し大航海時代が到来したことでシーパワーが支配的となった。そして、鉄道技術の発達によって、再びランドパワーが支配的となる可能性が生じた。

マッキンダーはこうした分析の基盤として、地球を三つの地域に区分している。すなわち、①ユーラシア中心部の「ハートランド」(heartland)、②ハートランドを取り巻く西欧、中東、インド亜大陸、中国といった「内周の半月弧」(inner crescent)、③両者から海で隔てられた西半球、イギリス、日本、豪州といった「外周の半月弧」(outer crescent) である (図1)。大陸横断鉄道の登場によって、莫大な資源を有するハートランドの一体化が進み、同地域を支配するランドパワーがグローバルな意味でも支配的となる可能性をマッキンダーは指摘した。その上で、ハートランドを制する支配的なランドパワーの台頭を防ぐには、そうした勢力による東欧の支配を防ぐことが鍵であるとの考えに基づいて、つぎの有名な警句を残した。それは、「東欧を支配する者はハートランドを制し、ハートランドを支配する者は世界島〔ヨーロッパ、アジア、アフリカ――解説者注〕を制し、世界島を支配する者は世界を制する」というものである。

ドールマンはこうしたマッキンダーの理論にならい、太陽系を四つのエリアに区分する。一つ目は地球とその大気を意味する「テラすなわち地球」(Terra or Earth)である。二つ目は低軌道(low earth orbit:LEO)から、高度約三万六〇〇〇キロメートルの地球同期軌道(geosynchronous earth orbit:GEO)までを指す「テランすなわち地球周辺の空間」(Terran or Earth space)である。三つ目はGEOをこえる場所から月の軌道までを意味する「ルナすなわち月周辺の空間」(Lunar or Moon space)である。最後は月の軌道をこえる残りの太陽系すべてを意味する「太陽空間」(Solar space)である(図2)。

これら四つのエリアのうち、ドールマンは最後の太陽空間をハートランドに相当する場所として位置づけている。同エリアに所在する惑星やその衛星、小惑星といった天体には膨大な資源が埋蔵されている可能性があるためである。また、地球周辺の空間を東欧に相当する重要な場所として位置づけている。同エリアをコントロールすることは宇宙支配と、地球上

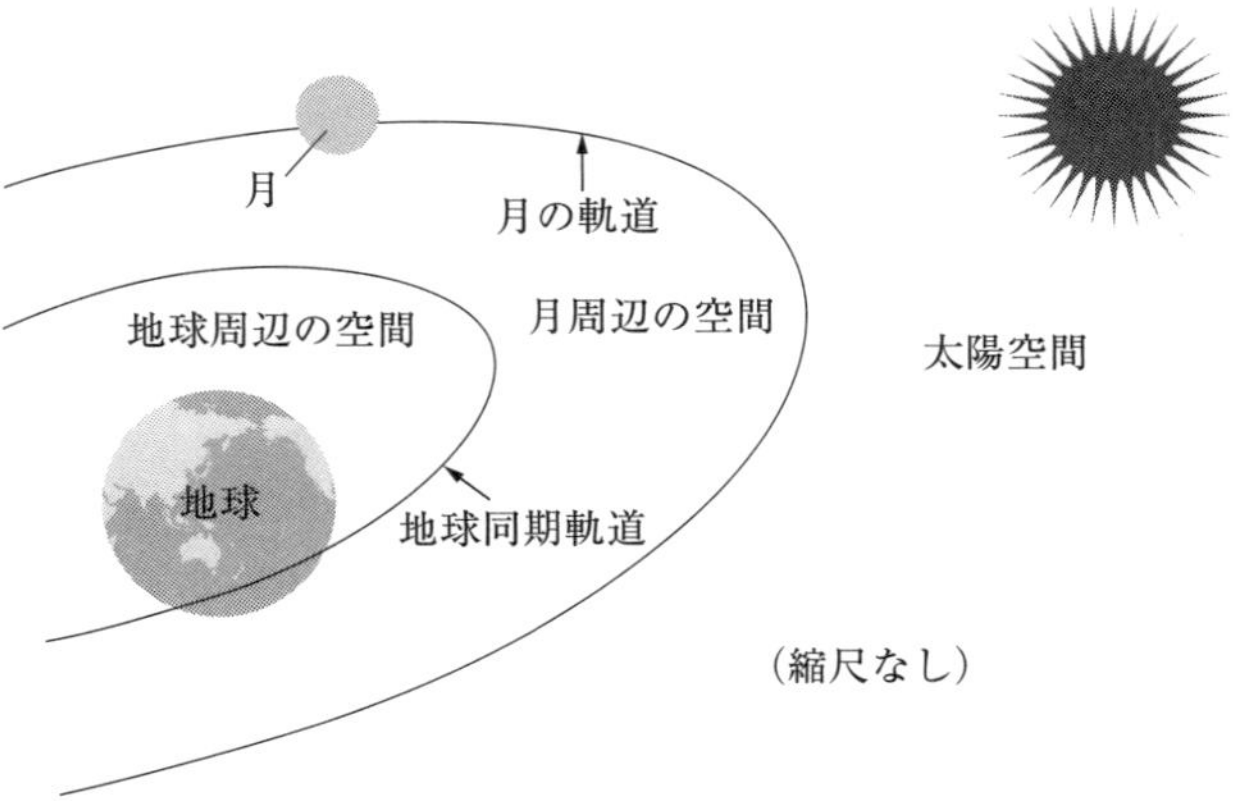

図2　ドールマンによる太陽系の区分け

での作戦の支援を行う上で鍵となるためである。ドールマンはこうした考えに基づいて、「低軌道をコントロールする者は地球周辺の空間をコントロールし、地球周辺の空間をコントロールする者は地球を支配する。地球を支配する者は人類の運命を決定づける」という宇宙地政学の格言を作り出している。

マッキンダーに続き、ドールマンはマハンの理論も宇宙に適用する。マハンは一八九〇年出版の『海上権力史論』などにおいて、グレートパワーになる鍵としてシーパワーを位置づけ議論を展開した。マハンによれば、広大な共有地である海洋においては、いかなる方向に航行することも可能であるが、風や海流などの影響を考慮に入れると効率性という観点から特定の交通路が浮かび上がる。こうした交通路をコントロールすることがシ

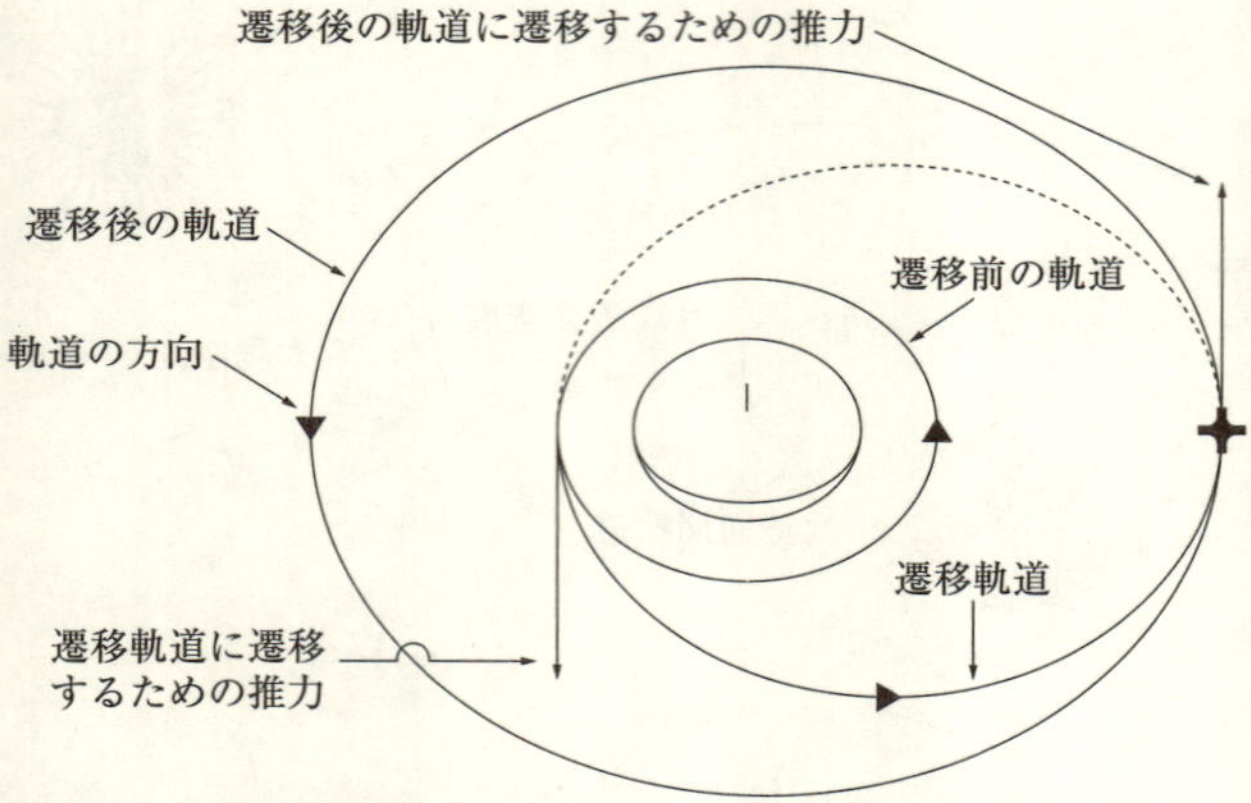

図3　ホーマン遷移軌道

ーパワーにとっては不可欠であり、そのためにはこれらの交通路上に存在する戦略的隘路《あいろ》・チョークポイント（例：マラッカ海峡やスエズ運河）を制する必要がある。さらに、燃料補給や修理を行うための中継基地（例：ハワイやフィリピン）の重要性についてもマハンは指摘している。

ドールマンは、こうしたマハンの考えを宇宙に適用する。宇宙においても、重力などの影響を踏まえた効率的な交通路が存在し、そのコントロールを行う上で要となるチョークポイントも存在すると指摘する。ドールマンによれば、宇宙における将来の交通路は、ある軌道から別の軌道に最も効率よく移動することを可能とするホーマン遷移軌道（Hohmann transfer orbit）となる可能性が高い（図3）。さらに、こうした交通路上のチョークポイントとしてLEOやGEOなど、また太陽系全体へと進出する際の中継基地として、太陽と地球の重力が均衡するラグランジュ点や、惑星とその衛星、小惑星などを挙げている。特にLEOについては、ホーマン遷移軌道の始点であり、地球発の宇宙飛行はすべてここを通過する必要があることから、最初かつ最重要のチョークポイントであるとしている。

このようにドールマンは古典地政学の理論を太陽系全体に適用することで宇宙地政学のモデルを構築した。とはいえ、現状における人類の宇宙活動は、主として地球周辺の空間にとどまっている。地球観測衛星や通信衛星、測位・航法衛星といった大半の人工衛星は同エリアで運用されている。国際宇宙ステーションに代表される有人宇宙活動も同エリアにとどまっている。月周辺の空間と太陽空間については、米国のアポロ計画による有人月面着陸（一九六九～七二年）を除けば、事実上、無人探査機による活動のみである。宇宙地政学が実社会と関係性をもつ前提条件は、太陽系全体で本格的な宇宙活動が展開されるようになることである。このような観点で重要となってくるのが、つぎの二つ目の論点である。

新たな宇宙レジームへの転換

ドールマンは第四章と第五章を中心に、いったん宇宙地政学の議論から離れて、国際的な宇宙レジームについて考察する。それは、人類による宇宙活動が地球周辺の空間にとどまっている原因を、技術の不足ではなく、既存の宇宙レジームに求めているからである。アポロ計画では、今日家庭で利用できるコンピュータよりもずっと性能の低いものが使われていた。重量物を打ち上げるために開発された、かつてのロケットエンジンも再び製造することが可能である。それにもかかわらず、地球周辺の空間をこえた宇宙活動が停滞しているのは、そうした活動に投資する意欲を削ぐ宇宙レジームが存在するためである、というのがドールマンの問題意識である。

現在の宇宙レジームの中核をなす宇宙条約（一九六六年採択、一九六七年発効）は、宇宙の領有を禁じており、国家は宇宙探査によって天体を発見しても領有権を主張できない。したがって、天体に埋蔵されている資源を採掘し利益を得ることが可能であるか不透明であるため、国家は月周辺の空間や太陽空間における宇宙活動に投資することを抑制していると指摘する。

こうした状況から脱するために、既存の宇宙レジームを破棄し、国家間競争を促す新たな宇宙レジームを創設すべきとドールマンは主張するのである。そもそも地球周辺の空間における宇宙開発利用が進んだのは、宇宙レジームが存在したからではなく、冷戦期に超大国同士が激しい競争を行ったからである。核兵器を運搬する手段として、超大国が弾道ミサイルの開発に莫大な投資を行った副産物として、人工衛星を打ち上げるロケットが誕生した。協力を理念とする現在の宇宙レジームが成立した背景にも、宇宙支配という観点において、いかなる国家による予期せぬ優位性の獲得も防ぎたいという超大国の思惑があった、とドールマンは考える。

国家間競争こそ、宇宙開発利用を促す最大の要因と位置づけているのである。

こうした観点から、宇宙における領有権の主張を認め、経済的な競争を促す新たな宇宙レジームを創設すべきと提唱する。同時に、宇宙活動を行う能力がない国家も、新たな天体の開発によってもたらされる恩恵を享受できるメカニズムをレジームに組み込むことで、国家間競争によって不平等が拡大することを防ごうとしている。このようなレジームを実現する上で重要となるのが、つぎの三つ目の論点である。

米国がとるべき戦略——アストロストラテジー

宇宙における経済的な競争を促し、人類による宇宙活動を太陽系全体へと拡大させる新たなレジームに転換するにはどうすればよいのか。それに対するドールマンの回答が、主に第六章で扱われる宇宙地政学に基づく戦略・アストロストラテジー（astrostrategy）である。

ドールマンは、自由民主主義国であり、冷戦に勝利した超大国である米国こそ、宇宙を支配するにふさわしい国であり、米国は宇宙のコントロールを獲得し、宇宙に進出するすべての者に対する番人になるべきという議論を展開する（ただし、米国が宇宙を支配する権利を有し

ているると主張するつもりはなく、あくまで宇宙地政学に基づく分析の論理的な結果を提示すること
が本書の目的であるとしている)。

そのためにドールマンは、米国がとるべき三つのステップを提唱する。第一に、米国は現在の宇宙レジームからの脱退を宣言し、自由な経済競争と領有権の主張を認める新しいレジームの樹立を宣言する。第二に、米国は現在および近い将来保有する能力を用いて、速やかにLEOの軍事的コントロールを獲得する。具体的には、米国が宇宙空間にレーザー兵器や運動エネルギー兵器を配置することで、他国がLEOに軍事的アセットを配置するのを防ぎ、かつ他国が地上に配備する対衛星兵器に対処する。第三に、米国は宇宙活動を促進し、国民の支持を得るため、閣僚級の国家宇宙調整機関を設立する。

なお、米国以外の国家は、新しいレジームの諸原則を遵守した上で、商業的な宇宙活動を自由に実施することが許される。ただし、ミッションの内容と飛行計画を事前通知した場合のみ、宇宙への進出が許可される。このようにドールマンは本書において、新たな宇宙レジームを設立し、国家間での経済的な競争を促すと同時に、宇宙地政学に基づき米国が宇宙で軍事的コントロールを獲得することで、軍事的な競争を抑制し、すべての宇宙活動国に安全な宇宙交易を保障するという覇権安定論的な構想を示している。

古典地政学の復興

それではドールマンが本書で展開した議論は、どのような意義を有しているのだろうか。最大の貢献は、宇宙時代における古典地政学の有効性を明らかにした点だろう。マッキンダーやマハンの理論に関心がある者ならば、一度はそれらが現代においてどのような意味を有するのかと疑問に思ったことがあるだろう。ドールマンは、こうした問いに正面から取り組んでいる。古典地政学の基本は、新たな輸送技術の台頭が地理的条件に与える影響を考察することにある。そうした観点からすれば、人工衛星や有人宇宙船、ロケットといった宇宙技術を考慮に入れた地政学を構築した意義は大きい。ドールマンは、マッキンダーの正統な後継者であると評価することができるだろう。

もちろん、古典地政学の宇宙への適用を試みた研究は他にも存在する（例えば、下記を参照。Colin S. Gray, "The Influence of Space Power upon History," *Comparative Strategy*, Vol. 15, No. 4, October-December 1996, pp. 293-308.）。だが、本書ほど包括的に適用した例はない。また、先行研究の多くは地球周辺の空間しか視野に入れていない一方で、本書は太陽系全体を舞台としており空間的な広がりという点でも際立っている。宇宙政策研究の権威であるピーター・ヘイズ（Peter L. Hays）が本書を評して、包括的なスペースパワー論の名に値する初めての作品と述べているのも頷《うなず》ける（*Air & Space Power Journal*, Fall 2002 参照）。

もっとも現在の宇宙技術は航海技術や鉄道技術ほど成熟しているわけではなく、輸送手段として限定的な役割しか果たしていない。情報の交通路としての役割（衛星通信）は大きいものの、ヒトやモノの輸送は未だ限定的である。

だからこそドールマンは、宇宙活動を世界的に活性化させる方策として、新たな宇宙レジームへの移行を提唱し、かつ安全な宇宙利用をすべての利用者に保障するために、米国によるLEOの軍事的コントロールの必要性を主張した。だが、こうした考えは、宇宙活動に関する現在の規範に正面から挑戦するものである。宇宙政策に関する先行研究の大半も既存の宇宙レジームを所与のものとして位置づけ、それを補完する方策を議論している。そうした前提を覆すドールマンの構想は急進的と映る場合もあるだろう。とはいえ、本書は古典地政学に新たな息吹を吹き込み、宇宙活動のあり方をめぐる議論の幅を広げたという点で大きな価値を有している。

最後に、ドールマンの議論は、いくつかの意識的あるいは無意識的な前提に基づいていることを付言しておく。ドールマンは、①リアリズムの世界、すなわち国家が主要なアクターとして競争を繰り広げる状況が今後も続く、②米国が今後も圧倒的なパワーを保有し続ける、③LEOの軍事的コントロールを獲得することは可能である、といった前提に基づいて議論を展開している。

前提のない議論は存在し得ないが、出版から一〇年以上が経過した現在でも、これらの前提が妥当であるかという点は考察しておく必要がある。一つ目について言えば、ドールマン自身、リアリスト的展望が唯一の未来ではなく、意識的にそうした前提を設定したとしている。とはいえ、現在は一〇年前よりも脱国家的主体の存在感が増していることは間違いない。そもそも本書が発売されたのは二〇〇一年一〇月初旬のことであり、同年九月一一日に起きた米国同時多発テロの有する国際政治的意義を十分反映する時間はなかったものと思われる。脱国家的主体へのパワーの拡散（power diffusion）が進む現状を考慮すれば、こうした前提はどこまで有効なのだろうか。

二つ目の前提について考えてみると、確かに二〇〇一年当時の米国の国力は圧倒的であったかもしれない。しかし、その後は中国などの台頭や米国自身の財政状況の悪化などによって、パワーの移行（power transition）が進んでいるという議論が盛んになっている。宇宙活動にかぎってみても、中国が有人宇宙飛行（二〇〇三年）や有人ドッキング（二〇一二年）に成功するなど、米国以外の国家も存在感を増している。

三つ目の前提について言えば、米国政府は、宇宙システムの利用が妨げられた状況でも作戦を続行できる態勢を構築することに注力し始めており、これは宇宙コントロールは容易ではないという認識の表れであると解釈することもできる。その背景には、対宇宙兵器及びその関連技術の拡散が世界的に進行していることや、二〇〇七年の中国による衛星破壊実験を通じて、宇宙ゴミの大量発生をもたらし得る運動エネルギー兵器を宇宙空間で使用することの敷居の高さがあらためて認識されたことなどがあると思われる。このように考えてみると、本書にはドールマンが執筆した当時の米国内の雰囲気が色濃く反映されており、読者はそうした点も踏まえながら本書を読む必要があるだろう。

■テキスト

Astropolitik: Classical Geopolitics in the Space Age, Routledge, 2001［未邦訳］

■ドールマンの言葉

低軌道をコントロールする者は地球周辺の空間をコントロールし、地球周辺の空間をコントロールする者は地球を支配する。地球を支配する者は人類の運命を決定づける。（第一章）

＊

宇宙における将来の商業的・軍事的な交通路は、安定的な宇宙港の間におけるホーマン遷移軌道となるだろう。（第三章）

＊

国家間競争こそ、これまでの宇宙開発を促してきた最大の要因であり、そうした点は近い将来、変わることはないだろう。

(第五章)

福島康仁

執筆者一覧（掲載順）

総論　野中郁次郎（のなか・いくじろう）

1 杉之尾宜生（すぎのお・よしお）
1936年生まれ．元防衛大学校教授．

2 戸部良一（とべ・りょういち）
1948年生まれ．国際日本文化研究センター教授．

3 川村康之（かわむら・やすゆき）
1943年生まれ．元防衛大学校教授．

4 谷光太郎（たにみつ・たろう）
1941年生まれ．元山口大学教授．

5 村井友秀（むらい・ともひで）
1950年生まれ．防衛大学校教授．

6 中山隆志（なかやま・たかし）
1934年生まれ．元防衛大学校教授．

7 間宮茂樹（まみや・しげき）
1944年生まれ．京都産業大学教授．

8 関根大助（せきね・だいすけ）
1976年生まれ．国際地政学研究所研究員．

9 小針憲一（こばり・けんいち）
1967年生まれ．軍事研究者．

10 奥山真司（おくやま・まさし）
1972年生まれ．国際地政学研究所上席研究員．

11 山内康英（やまのうち・やすひで）
1957年生まれ．多摩大学情報社会学研究所教授．

12 福島康仁（ふくしま・やすひと）
1982年生まれ．防衛省防衛研究所教官．

野中郁次郎（のなか・いくじろう）

1935（昭和10）年，東京に生まれる．早稲田大学政治経済学部卒業．富士電機製造株式会社勤務ののち，カリフォルニア大学経営大学院（バークレー校）にてPh.D.取得．南山大学経営学部教授，防衛大学校社会科学教室教授，北陸先端科学技術大学院大学教授，一橋大学大学院国際企業戦略研究科教授を経て，現在，同大学名誉教授，クレアモント大学大学院ドラッカー・スクール名誉スカラー，富士通総研経済研究所理事長．
著書『組織と市場：市場志向の経営組織論』（千倉書房，1974年）
『アメリカ海兵隊』（中公新書，1995年）
『失敗の本質』（共著，ダイヤモンド社，1984年，中公文庫，1991年）
『戦略の本質』（共著，日本経済新聞社，2005年，日経ビジネス人文庫，2008年）
『失敗の本質　戦場のリーダーシップ篇』（共著，ダイヤモンド社，2012年）
『知識創造の経営』（日本経済新聞社，1990年）
The Knowledge-Creating Company (co-authored), Oxford University Press,1995.
ほか多数．

戦略論《せんりゃくろん》の名著《めいちょ》
中公新書 *2215*

2013年4月25日初版
2013年5月30日3版

編著者　野中郁次郎
発行者　小林敬和

本文印刷　三晃印刷
カバー印刷　大熊整美堂
製　　本　小泉製本

発行所　中央公論新社
〒104-8320
東京都中央区京橋 2-8-7
電話　販売 03-3563-1431
　　　編集 03-3563-3668
URL http://www.chuko.co.jp/

Published by CHUOKORON-SHINSHA, INC.
Printed in Japan　ISBN978-4-12-102215-8 C1231

中公新書刊行のことば

いまからちょうど五世紀まえ、グーテンベルクが近代印刷術を発明したとき、書物の大量生産は潜在的可能性を獲得し、いまからちょうど一世紀まえ、世界のおもな文明国で義務教育制度が採用されたとき、書物の大量需要の潜在性が形成された。この二つの潜在性がはげしく現実化したのが現代である。

いまや、書物によって視野を拡大し、変りゆく世界に豊かに対応しようとする強い要求を私たちは抑えることができない。この要求にこたえる義務を、今日の書物は背負っている。だが、その義務は、たんに専門的知識の通俗化をはかることによって果たされるものでもなく、通俗的好奇心にうったえて、いたずらに発行部数の巨大さを誇ることによって果たされるものでもない。現代を真摯に生きようとする読者に、真に知るに価いする知識だけを選びだして提供すること、これが中公新書の最大の目標である。

私たちは、知識として錯覚しているものによってしばしば動かされ、裏切られる。私たちは、作為によってあたえられた知識のうえに生きることがあまりに多く、ゆるぎない事実を通して思索することがあまりにすくない。中公新書が、その一貫した特色として自らに課すものは、この事実のみの持つ無条件の説得力を発揮させることである。現代にあらたな意味を投げかけるべく待機している過去の歴史的事実もまた、中公新書によって数多く発掘されるであろう。

中公新書は、現代を自らの眼で見つめようとする、逞しい知的な読者の活力となることを欲している。

一九六二年一一月

哲学・思想

1 日本の名著 桑原武夫編
16 世界の名著 河野健二編
2113 近代哲学の名著 熊野純彦編
1999 現代哲学の名著 熊野純彦編
2187 物語 哲学の歴史 伊藤邦武
2036 日本哲学小史 熊野純彦編著
832 外国人による日本論の名著 佐伯彰一・芳賀 徹編
1696 日本文化論の系譜 大久保喬樹
312 徳川思想小史 源 了圓
2097 江戸の思想史 田尻祐一郎
1989 諸子百家 湯浅邦弘
2153 論 語 湯浅邦弘
36 荘 子 福永光司
1695 韓非子 冨谷 至
1120 中国思想を考える 金谷 治
2042 菜根譚 湯浅邦弘
1376 現代中国学 加地伸行
140 哲学入門 中村雄二郎
575 時間のパラドックス 中村秀吉
1862 入門！ 論理学 野矢茂樹
448 詭弁論理学 野崎昭弘
593 逆説論理学 野崎昭弘
2087 フランス的思考 石井洋二郎
2035 ヴィーコ 上村忠男
1939 ニーチェ ツァラトゥストラの謎 村井則夫
2131 経済学の哲学 伊藤邦武
1813 友情を疑う 清水真木
674 時間と自己 木村 敏
1829 空間の謎・時間の謎 内井惣七
814 科学的方法とは何か 浅田彰・黒田末寿・佐和隆光・長野敬・山口昌哉
1986 科学の世界と心の哲学 小林道夫
1981 ものはなぜ見えるのか 木田直人
2176 動物に魂はあるのか 金森 修
1333 生命知としての場の論理 清水 博
1979 日本人の生命観 鈴木貞美
2166 精神分析の名著 立木康介編著
2203 集合知とは何か 西垣 通

現代史

f2

1980 ヴェルサイユ条約 牧野雅彦
2055 国際連盟 篠原初枝
27 ワイマル共和国 林 健太郎
154 ナチズム 村瀬興雄
478 アドルフ・ヒトラー 村瀬興雄
1943 ホロコースト 芝 健介
1688 ユダヤ・エリート 鈴木輝二
530 チャーチル（増補版） 河合秀和
1415 フランス現代史 渡邊啓貴
2034 感染症の中国史 飯島 渉
1959 韓国現代史 木村 幹
1650 韓国大統領列伝 池 東旭
1762 韓国の軍隊 尹 載善
1763 アジア冷戦史 下斗米伸夫
1582 アジア政治を見る眼 岩崎育夫
1876 インドネシア 水本達也
2143 経済大国インドネシア 佐藤百合
1596 ベトナム戦争 松岡 完
941 イスラエルとパレスチナ 立山良司
2112 パレスチナ―聖地の紛争 船津 靖
1664
1665 アメリカの20世紀（上下） 有賀夏紀
1937 アメリカの世界戦略 菅 英輝
1272 アメリカ海兵隊 野中郁次郎
1992 マッカーサー 増田 弘
1920 ケネディ―「神話」と実像 土田 宏
2140 レーガン 村田晃嗣
1863 性と暴力のアメリカ 鈴木 透
2163 人種とスポーツ 川島浩平
2216 北朝鮮―変貌を続ける独裁国家 平岩俊司

中公新書

政治・法律